2nd Edition

CLO 3D
DIGITAL
FASHION
DESIGN

KIM MIN JUNG
KIM HEE YOUNG

제2판
CLO 3D
디지털 패션 디자인
김민정 · 김희령

박영사

PREFACE

　패션 산업에서 3차원 가상착의 기술은 의류 패턴 제작과 동시에 재단 및 봉제, 가상 모델 착장을 통해 빠르게 디자인을 확인하고 수정을 간편하게 함으로써 제품 개발의 폭을 넓히고 작업 공정 축소와 원가 절감으로 합리적인 시스템 구축을 가능하게 한다. 3차원 가상착의 기술은 다국적인 의류 생산 환경에서 표준화된 생산 관리 시스템이 요구되는 글로벌 패션 산업에서 특히 활발하게 도입되고 있으며, 가상 의상 데이터는 실제 의류 제작 방식과 동일한 원리로 개발되어 정확한 제품 재현을 바탕으로 실물 샘플을 대체하고 있다. 의류 제품 개발 및 유통에서 3차원 가상착의 기술이 주목받게 되면서 대학 교육에서도 이와 관련한 수업이 활성화되었으며, 프로그램 실습을 중심으로 이루어지고 있다.

　이 책은 3차원 가상착의 프로그램의 효율적인 기초 교육을 위한 다양한 교재 연구 개발의 필요성을 바탕으로 집필되었으며, 현재 대학 교육 과정에서 활용도가 높은 3차원 가상착의 프로그램으로 ㈜클로버추얼패션에서 개발된 CLO 7.3이 사용되었다. 본 교재는 프로그램 사용 과정에서 차별적인 접근 차원에 따라 패션 아이템을 개발할 수 있도록 다양한 활용 방법을 제시하는 것을 목적으로 하였으며 특히, 패션 디자인 전공 학생들의 직관적인 디자인 개발과 용이한 패턴 설계를 돕고자 하였다. 따라서 DXF 패턴 파일을 활용하는 방법 외에도 프로그램에 기존에 저장되어 있는 Garment(가먼트), Blocks(블록) 파일을 활용한 디자인 변형 및 개발 방법이나 프로그램 내에서 직접 패턴을 제도하는 방법을 안내하였다.

　본 교재는 총 6장으로 구성되었으며, Chapter 01의 초반부에서는 CLO 7.3 소프트웨어 구성에 대한 개략적인 설명과 함께 각 툴의 기본적인 기능과 사용 방법을 종류별로 정리하였다. 이후의 각 장은 서로 다른 활용 방법에 따라 2~3가지의 실습 작업들이 설명되었다. Chapter 02는 프로그램에 저장된 Garment 파일의 활용 방법을 담고 있으며, Chapter 03은 2D 패턴 제도 방법이 정리되었다. Chapter 04는 DXF 패턴 파일의 활용 방법이며, Chapter 05는 Blocks 파일의 활용 방법이 설명되었다. 마지막으로 Chapter 06에서는 완성된 3D 의상의 시각화에 사용되는 주요 기능들로 컬러웨이, 코디네이션, 렌더링, 애니메이션을 소개하였다. 본문 기술에 있어서 Chapter 01에서 소프트웨어 구성과 툴의 기능은 비교적 자세히 설명되었으나, Chapter 02~06의 실습 내용은 이미지를 참고하여 한눈에 빠르게 보고 따라 할 수 있도록 작업 과정에 대한 텍스트 설명을 간단히 축약하였다. 실습 대상의 아이템들은 프로그램 활용 교육을 목적으로 의도적으로 디자인 설정되었으며, 작업 내용에서 비슷한 효과라도 서로 다른 툴을 적용하여 충분히 다양한 기능을 습득할 수 있도록 하였다.

이 책이 3차원 가상착의 프로그램을 배우는 많은 학습자들에게 유용하게 활용될 수 있기를 기대하며, 이와 관련된 다양한 교육 연구 개발에도 일조하기를 바란다. 책의 발간을 적극적으로 도와주신 ㈜박영사의 관계자 여러분들, 그리고 책의 기획과 구성에 조언을 주신 원주영 선생님과 이주영 선생님을 비롯한 주위의 모든 분들께 깊은 감사를 드린다.

2024년 2월
저자 일동

※ 이 책의 본문 내용에서 활용된 실습파일은 ㈜박영사 홈페이지(https://www.pybook.co.kr/)에서 다운로드 가능합니다.

CONTENTS

CHAPTER
01

CLO 7.3
소프트웨어의 구성

1 작업화면 구성
Work screen configuration

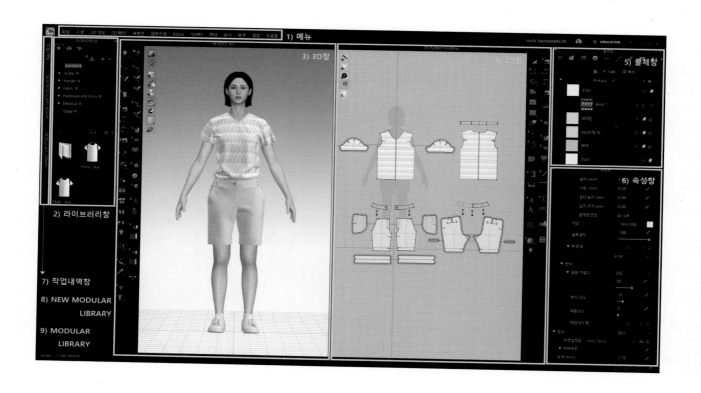

1) 메뉴

• 파일 관리와 각종 툴 및 편집 기능을 포함하여 아바타, 렌더, 보기 등의 항목으로 구성되어 있으며, 각 항목 별로 서브 메뉴 선택이 가능하다.

• [3D 의상], [2D 패턴], [재봉선], [원부자재]의 주요 툴들은 각 창에 아이콘으로 구성되어 있어 간편하게 사 용 가능하다.

메뉴의 주요 구성 내용

파일	파일 열기 및 저장의 파일 관리와 스냅샷, 비디오 녹화 등
수정	취소, 재실행, 삭제, 복사, 붙여넣기, 선택 등의 작업 수정
3D 의상	3D 의상 툴로 3D 창의 아이콘으로 쉽게 사용 가능

2D 패턴	2D 패턴 툴이며 2D 창의 아이콘으로 쉽게 사용 가능
재봉선	재봉선 툴이며 3D, 2D 창의 아이콘으로 쉽게 사용 가능
원부자재	원단 및 부자재 툴이며 3D, 2D 창의 아이콘으로 쉽게 사용 가능
Editor	프로젝트 정보, 컬러웨이, 파라메트릭 패턴 등을 저장
아바타	아바타 수정 및 편집
렌더	렌더 작업
보기	보기 툴이며 3D와 2D 창의 아이콘으로 쉽게 사용 가능
환경	기즈모, 스냅, 시뮬레이션 및 의상 핏 속성 등의 환경 설정
설정	언어, 뷰 제어, 단축키, 인터페이스 등을 사용자에 따라 설정
도움말	매뉴얼 및 온라인 강좌 검색

2) 라이브러리창(Library)

- 파일을 폴더별로 정리해 관리하는 창이다.
- ①에 종류별로 폴더가 [Garment](의상), [Avartar](아바타), [Hanger](옷걸이), [Fabric](원단), [Hardware and Trims](부자재), [Material](물체), [Stage](무대) 등으로 구성되어 있으며, ②에서 파일 이미지를 확인한 후 선택한다.
- ①의 우측 상단에 [다운로드] , [추가] , [초기화] 를 좌클릭하여 최신 라이브러리 다운로드, 새로운 폴더 추가, 처음 상태로 초기화가 가능하다.

3) 3D창

- 3차원 공간이며 아바타에 의상을 시뮬레이션하여 착장 형태 및 실루엣을 확인하는 창이다.

4) 2D창

- 2차원 공간이며 패턴을 제도, 봉제 방법을 설정, 원단 텍스처를 편집하는 창이다.

5) 물체창(Object Browser)

- [원단], [그래픽], [단추], [단춧구멍], [탑스티치], [퍼커링]의 물체를 생성하고 편집하는 창이다.
- ①에서 물체의 종류를 좌클릭하면, ②에 의상에 사용된 물체 목록이 나타난다.
- ②에서 물체를 좌클릭한 후, [속성창]에서 해당 물체의 종류나 색상 등의 세부 속성 설정이 가능하다.

	원단
	그래픽
	단추
	단춧구멍
	탑스티치
	퍼커링
	그레이딩
	POM (줄자)

- 새로운 물체를 [추가] 를 클릭해 생성하거나, 기존의 물체를 좌클릭한 후 [복사] 를 클릭해 추가할 수 있다.
- [라이브러리창]의 [Fabric], [Hardware and Trims], [Texture] 파일을 좌클릭+드래그하여 [물체창]에 추가할 수 있다.
- [원단]은 물체 목록에서 [텍스처 반복] , [프린트 추가] , [삭제] 할 수 있다.

[라이브러리창]의 [Fabric] 파일을 [물체창]의 [원단]에 적용하는 방법

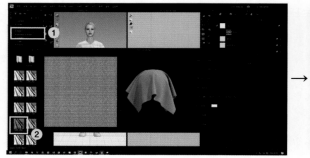 →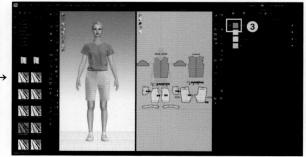

- [라이브러리창]의 [Fabric] 폴더 ①을 더블 클릭으로 열어 원하는 원단 파일 이미지 ②에 마우스 오버하면, 팝업창이 나타나 해당 원단의 이미지 및 세부 정보를 확인한다. ②를 좌클릭+드래그하여 [물체창]의 변경할 원단 스와치③에 드롭한다.

2D창의 패턴에 [물체창]의 원단을 적용하는 방법

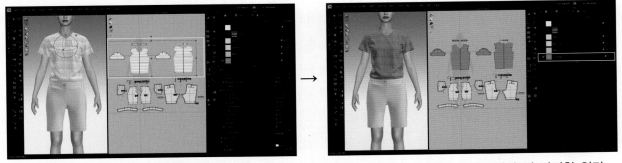

- [2D]창에서 [패턴 이동/변환]▲툴을 클릭해 좌클릭+드래그로 패턴들을 선택한 후, [물체창]의 변경할 원단에서 [선택한 패턴에 적용]▣을 클릭한다.
- * [물체창] 원단을 좌클릭+드래그하여 [2D창]의 패턴에 드롭하는 방법으로도 변경 가능.

6) 속성창(Property Editor)

- 패턴, 원단, 부자재, 아바타 등의 개체를 선택하여 [정보], [재질], [물성] 등의 세부 속성을 편집하는 창이다.
- 선택된 개체에 따라 [속성창]의 세부 내용이 변경된다.

[원단] 📖 의 [속성창]   [단추] 🔘 의 [속성창]   패턴의 [속성창]

[원단]의 [속성창] 세부 항목

원단			[열기]로 이미지 파일을 찾아 오픈, [저장]으로 현재 원단을 저장 가능
정보	이름		입력창을 클릭해 원단명을 변경 가능
	Item No.		입력창을 클릭해 품번을 변경 가능
	Construction		입력창을 클릭해 원단 종류와 혼용률을 입력 가능
	공급자		입력창을 클릭해 공급자명을 작성 가능
	소유자		입력창을 클릭해 소유자명을 작성 가능
재질	· 원단의 [겉면], [속면], [옆면]을 선택해 각각의 [재질] 설정이 가능 · [속면], [옆면]은 [겉면과 동일한 재질 사용]의 [On]을 클릭해 설정 가능		
	텍스처 적용 방식		· [Repeat]: 텍스처를 반복 패턴으로 삽입 · [Unified]: 텍스처 이미지를 반복 없이 크게 삽입
	종류		기본적으로 설정되어 있는 원단의 표면 재질을 선택
	기본	텍스처	· 썸네일 또는 [탐색]██을 클릭 후 텍스처 이미지 파일을 선택해 적용 ※ 프로그램 밖에 위치한 텍스처 이미지 파일을 좌클릭+드래그하여 썸 네일, 2D패턴, 3D 의상에 드롭하면 간편하게 삽입 가능 · 텍스처 삭제는 [삭제]██를 클릭, 텍스처 이미지 편집은 [텍스처 편집창 열기]██를 클릭, 다른 프로그램을 함께 오픈 시 [Open with]██를 클릭
		텍스처 색상 제거	[On]은 텍스처 색상을 삭제하고 질감만 적용
		변환	텍스처의 회전, 크기, 위치를 조정 가능
		노말맵	· 입체감 있는 울퉁불퉁한 표면의 질감을 표현 · 이미지 파일 업로드, 편집, 삭제는 [텍스처]와 동일 · [강도]나 [변환](회전, 크기, 위치) 설정이 가능
		디스플레이스먼트 맵	불균일한 표면의 재질감을 표현
		색상	썸네일 클릭 후 [색상] 팝업창에서 컬러칩을 선택하거나, 색상 값을 입력 가능하며, [스포이드]██로 화면의 컬러를 클릭해 추출도 가능
		불투명도	원단의 투명한 정도를 조정(불투명 100, 완전 투명 0)
		투명 맵	흑백 이미지로 투명도를 표현
	반사		[표면 거칠기], [반사 강도], [메탈네스], [메탈네스 맵] 조정으로 광택감 표현 ※ [메탈네스], [메탈네스 맵]은 금속의 광택 재질을 표현
물성	사전설정값		목록에서 원단을 선택해 해당 원단의 기존 설정값을 적용
	세부속성		선택한 원단의 세부 속성(강도, 밀도 등)을 항목별로 조정 가능
두께			입력창을 클릭해 원단 두께를 변경 가능

7) 작업내역창(History)

· 진행된 작업 과정을 확인하는 창으로 작업 내용을 삭제하거나, 특정 지점으로 되돌아갈 수 있다.

8) NEW MODULAR LIBRARY(모듈러 라이브러리)

- 프로그램에 저장되어 있는 모듈화된 블록(Block) 패턴을 선택하여 조합하거나, 새로운 블록을 추가하여 조합할 수 있다.
- [그룹], [카테고리], [스타일], [Block]의 하위 계층 순서대로 아이템 및 디테일을 선택하면서 손쉽게 의상을 구성할 수 있으며, 각 단계에서 [추가]➕를 좌클릭하여 새로운 그룹, 카테고리, 스타일, 블록을 추가할 수 있다.
- 예를 들어, [그룹]에서 ①의 [Woman]을 선택한 후에 [카테고리]에서 ②의 [Jacket]을 선택하고 [스타일]에서 ③의 [Raglan Trench]를 선택하면, 아래 그림과 같이 나타나는 서로 다른 몸판이나 소매 이미지에서 ④의 디테일들을 선택해 조합 가능하다.

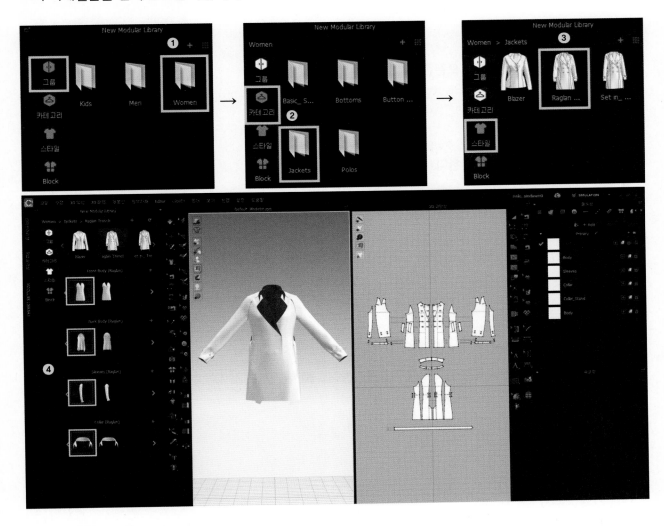

9) MODULAR LIBRARY(모듈러 라이브러리)

- CLO 7.2 버전 이전에서 사용된 모듈구성창(Modular Configurator)으로 체계적으로 정리되어 단계별로 구성된 NEW MODULAR LIBRARY와 기능 및 사용 방법이 같다.

2 파일 관리
File management

화면 상단의 [파일]을 좌클릭하여 드롭다운 메뉴에서 파일 열기, 추가, 저장, 내보내기 등을 선택해 파일 관리가 가능하다.

1) New Project

• 새로운 프로젝트 파일을 찾아 오픈한다.

2) 새 의상

• 새로운 의상 파일을 찾아 오픈한다.

3) 열기

• [열기]에 마우스 오버하면 드롭다운 메뉴가 나타나 오픈할 대상을 목록에서 선택하여 클릭한다.

(1) 프로젝트 Ctrl+O

• 프로젝트 파일(*.zprj, *.png)을 찾아 오픈한다.
• 오픈할 파일 선택 후 [프로젝트 열기] 팝업창이 나타나면, [열기 유형]과 [물체] 대상을 선택한다.
* 기존의 프로젝트에 의상만 추가할 경우, [프로젝트 열기] 중 [열기 유형]에서 [추가] 가능하며, [추가]에서도 간단히 추가 열기 가능.

[프로젝트 열기] 팝업창

열기 유형	열기	기존 파일을 없애고 열기
	추가	기존 파일에 추가
물체	의상	해당 프로젝트의 의상 열기
	아바타	해당 프로젝트의 아바타 열기
	3D 의상 기록	해당 프로젝트의 3D 의상 기록 열기
	사용자 뷰	해당 프로젝트의 사용자 뷰 열기
	렌더 속성	해당 프로젝트의 렌더 속성 열기
	Scene and Props	해당 프로젝트의 무대 및 렌더 속성 열기

(2) 의상

- 의상(Garment) 파일(*.zpac, *.png)을 찾아 오픈한다.
- 오픈할 파일을 선택한 후 [의상 열기] 팝업창이 나타나면 [열기] 또는 [추가]를 선택한다.
- [열기] 선택 시 기존의 의상이 사라지며, [추가] 선택 시 기존 의상에 추가되는 위치를 [이동]에서 조정 가능하다.

(3) 패턴

- 패턴 파일(*.pacx)을 찾아 오픈한다.

(4) 부자재

- 의상 파일이 열려있을 때 부자재(Trim) 파일(*.trm)을 찾아 오픈한다.
- 부자재 파일을 선택해 오픈하면 [물체창]에 해당 부자재가 생성되고, [속성창]에서 [규격]과 [재질] 설정이 가능하다.
- * [라이브러리 창]의 [Hardware and Trim]에서 종류별로 부자재의 이미지를 확인하며 간편하게 오픈 가능.

(5) 아바타 Ctrl+Shift+A

- 아바타 파일(*.dae, *.obj, *.avt, *.zip, *.avac, *avte)을 찾아 오픈한다.
- * [라이브러리 창]의 [Avatar]에서 종류별로 아바타의 이미지를 확인하며 간 편하게 오픈 가능.

(6) Accessary

- 액세서리(Accessory) 파일(*.zacs)을 찾아 오픈한다.
- * [라이브러리 창]의 [Avatar] 중 [Hair], [Shoes] 폴더에서 종류별로 액세서리의 이미지를 확인하며 간편하 게 오픈 가능.

(7) Hand Pose

- 손 포즈의 파일(*.hpos)을 찾아 오픈한다.

(8) 포즈 Ctrl+Shift+P

- 아바타 파일이 열려있을 때 포즈 파일(*.pos, *.avacp)을 찾아 오픈한다.
- 오픈할 파일 선택 후 [Open Pose] 팝업창이 나타나면 [유형]을 선택한다.
- * [라이브러리 창]의 [Avatar]에서 원하는 종류의 폴더를 선택한 후 하위 폴 더 [Pose]에서 종류별로 포즈의 이미지를 확인하며 간편하게 오픈 가능.

(9) 관절점 모션

- 아바타 파일이 열려있을 때 모션 파일(*.mtn)을 찾아 오픈한다.

(10) Camera Motion

- 카메라 모션 파일(*.cak)을 찾아 오픈한다.

(11) Scene and Props

- 무대 및 렌더 속성 파일(*.zse)을 찾아 오픈한다.
- 오픈할 파일 선택 후 [Add Scene and Props] 팝업창이 나타나면 [열기 유형]에서 [열기]로 새로 불러오거나 [Add]로 현재에 추가할 수 있으며, [물체]에서 [Scene and Props]로 배경 및 소품 또는 [렌더 속성]을 선 택해 불러온다.

[12] 모듈 구조

- 모듈 구조 파일(*.zmdr)을 찾아 오픈한다.

[13] 카메라 프로젝션

- 카메라 프로젝션 파일(*.cmp)을 찾아 오픈한다.

[14] 카메라 뷰

- 카메라 변환(Camera Transformation) 파일(*.cmt)을 찾아 오픈한다.

[15] 렌더 속성

- 렌더 속성 파일(*.zvrp)을 찾아 오픈한다.

[16] 사용자 설정

- 설정(Configuration) 파일(*.cfg)을 찾아 오픈한다.

4] 추가

- 현재 파일에 새로운 프로젝트, 의상, 패턴, 아바타 파일을 추가한다.
- [추가]에 마우스 오버하면 드롭다운 메뉴가 나타나 추가할 대상을 목록
  에서 선택하여 클릭한다.

* [열기]에서도 [추가] 선택 가능.

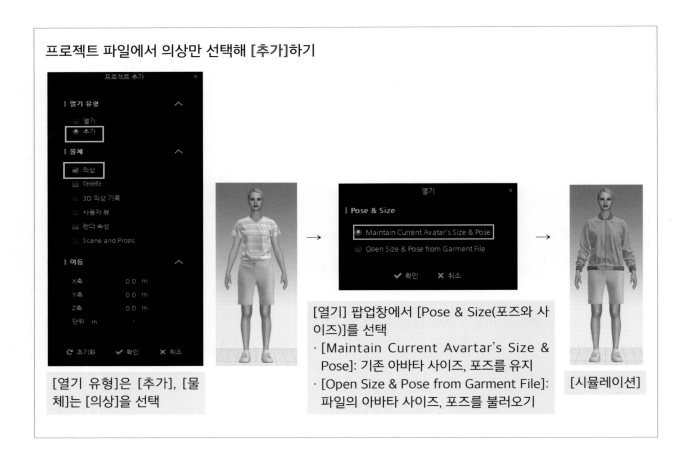

프로젝트 파일에서 의상만 선택해 [추가]하기

[열기 유형]은 [추가], [물체]는 [의상]을 선택

[열기] 팝업창에서 [Pose & Size(포즈와 사이즈)]를 선택
· [Maintain Current Avartar's Size & Pose]: 기존 아바타 사이즈, 포즈를 유지
· [Open Size & Pose from Garment File]: 파일의 아바타 사이즈, 포즈를 불러오기

[시뮬레이션]

5) 프로젝트 저장 Ctrl+S

· 현재 파일에 진행 중이던 작업 내용을 덮어쓰며 저장된다.

＊ 원본 파일과 별도로 진행하던 작업 내용을 저장할 경우, [다른 이름으로 저장]을 선택.

6) 다른 이름으로 저장

· 진행 중이던 작업 내용을 원본 파일과 다른 이름으로 저장한다.

· [다른 이름으로 저장]에 마우스 오버하면 드롭다운 메뉴가 나타나 목록에서 선택된 항목만 다른 파일명으로 저장 가능하다.

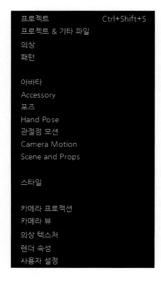

7) Share via CLO-SET

· CLO-SET으로 이동하여 현재 프로젝트, 의상, 아바타를 업로드하거나, 프로젝트나 의상의 버전을 업데이트할 수 있다.

8) 불러오기

• 다른 프로그램에서 작업한 DXF, Adobe(AI/PDF), MYU 등의 패턴 파일, OBJ, OpenCOLLADA, FBX, glTF 2.0(GLTF/GLB), Alembic 등의 물체 파일, Maya Cache 등의 애니메이션 파일, Python Script 파일을 오픈한다.

9) 불러오기(추가)

• 현재 파일에 DXF, Adobe(AI/PDF)의 패턴 파일이나, OBJ, FBX, Alembic, OpenCOLLADA 등의 물체 파일을 추가한다.

* [불러오기]에서도 [추가]를 선택 가능.

10) 내보내기

• 작업한 파일에서 패턴, 원단, 물체, 애니메이션 데이터 등의 데이터를 다른 호환 포맷으로 저장해 내보낸다.

11) 스냅샷

• 현재 파일을 스냅샷 이미지로 저장한다.
• [스냅샷]에 마우스 오버하면 드롭다운 메뉴가 나타나, [2D패턴 (1:1)] 또는 [3D 의상창]으로 스냅샷을 저장 가능하다.

(1) 2D 패턴 (1:1)

• 2D 패턴 파일을 1:1의 실제 사이즈로 저장한다(*.png, *.jpg, *.pdf).
• 툴을 선택하면 [2D 스냅샷] 팝업창이 나타나고, 화면이 [2D Pattern Window]인 2D 패턴 전체보기로 변경되면, 각 패턴을 좌클릭+드래그하여 위치를 조정한다.
• [2D 스냅샷] 팝업창에서 저장할 이미지의 [크기]와 [옵션] 설정이 가능하다.

[2D 패턴 (1:1)]의 화면 변경과 [2D 스냅샷] 팝업창

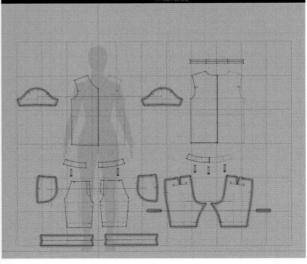

	사전설정값	기존 설정된 규격 중 선택
크기	방향	용지 방향 선택
	너비	[사전설정값]의 너비 값
	높이	[사전설정값]의 높이 값
	단위	Pixels, Inches, Millimeters, Centimeters 중 선택
	해상도	이미지 해상도 설정
옵션	선분 보기	각 선분을 보기 설정해 저장
	이미지 보기	[원단 텍스처], [그래픽]을 보기 설정해 저장
	정보 보기	각 패턴 정보를 보기 설정해 저장
	투명한 배경	배경을 투명하게 저장

(2) 3D 의상창

· [3D창]의 화면을 여러 각도의 이미지로 저장 가능하다(*.png, *.jpg).

· 툴을 선택한 후 [파일 저장]에서 파일명과 저장 위치를 설정해 [저장]하면, [스냅샷] 팝업창이 나타나, [싱글뷰] 또는 [멀티뷰]를 선택한 뒤에 세부 내용을 설정하고 [저장]을 클릭한다.

[3D 의상창]의 [스냅샷] 팝업창

[스냅샷] 팝업창에서 [싱글뷰] 선택

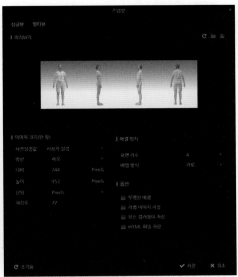

[스냅샷] 팝업창에서 [멀티뷰] 선택

[싱글뷰]의 [스냅샷] 설정		
이미지 크기	사전설정값	기존 설정된 규격 중 선택
	방향	이미지 방향을 가로, 세로 중 선택
	너비	[사전설정값]의 너비 값
	높이	[사전설정값]의 높이 값
	단위	Pixels, Inches, Millimeters, Centimeters 중 선택
	해상도	이미지 해상도 설정
옵션	투명한 배경	배경을 투명하게 저장
	모든 컬러웨이 저장	다른 컬러웨이 이미지를 함께 저장
	HTML 파일 저장	HTML 파일 포맷을 함께 저장

[멀티뷰]의 [스냅샷] 설정		
미리보기	세부 설정에 따라 저장될 이미지를 미리보기로 확인 가능	
이미지 크기 (한 장)	사전설정값	기존 설정된 규격 중 선택
	방향	이미지 방향을 가로, 세로 중 선택
	너비	[사전설정값]의 너비 값
	높이	[사전설정값]의 높이 값
	단위	Pixels, Inches, Millimeters, Centimeters 중 선택
	해상도	이미지 해상도 설정
배열 방식	화면 개수	캡처할 뷰의 개수를 2~10 중 선택(기본값 4)
	배열 방식	이미지 나열 방식을 가로, Vertical, 두 줄 중 선택
옵션	투명한 배경	배경을 투명하게 저장
	개별 이미지 저장	뷰 개수에 따라 개별적인 이미지를 모두 함께 저장
	모든 컬러웨이 저장	다른 컬러웨이 이미지를 함께 저장
	HTML 파일 저장	HTML 파일 포맷을 함께 저장

3 뷰 제어
View control

1) 마우스 사용법

[1] 왼쪽 버튼 [좌클릭]

· 좌클릭하여 개체를 선택한다.

· 3D창에서 개체를 좌클릭하면 기즈모(방향키)가 활성화된다.

[2] 휠 버튼 [휠클릭]

· 휠클릭+드래그로 화면을 이동시키며 확인 가능하다.

· 휠을 위 또는 아래 방향으로 돌려 화면을 축소 또는 확대시킨다.

* [3D창]에서 휠클릭하면 기본 커서 ⊕가 이동 커서 🖐 모양으로 변경됨.

* [2D, 3D창]에서 휠을 위, 아래로 돌리면 커서가 확대/축소 커서 🔼 모양으로 변경됨.

[3] 오른쪽 버튼 [우클릭]

· [2D창]에서 개체에 우클릭하여 팝업창을 열고 세부 기능을 사용한다.

· [3D창]에서 우클릭+드래그하면 3차원으로 회전하며 확인 가능하다.

* [3D창]에서 우클릭할 경우, 기본 커서 ⊕가 회전 커서 🔄 모양으로 변경됨.

2) 키보드 숫자키 사용법

· 3D창에서 숫자키를 이용하여 뷰포인트 조정이 가능하다.

· 아바타를 기준으로 숫자키 위치에 따라 앞쪽 2, 뒤쪽 8, 위쪽 5, 아래쪽 0, 오른쪽 4, 왼쪽 6, 3/4오른쪽 1, 3/4왼쪽 3을 누른다.

* 3D창의 빈 공간에 우클릭하여 팝업 메뉴에서도 뷰포인트를 선택 가능.

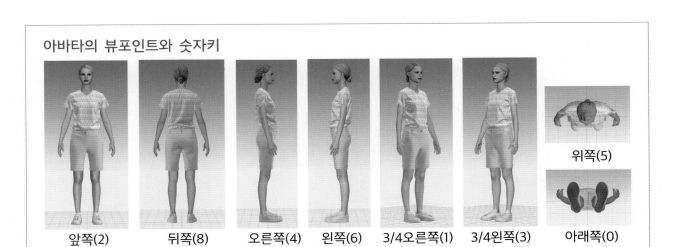

아바타의 뷰포인트와 숫자키

앞쪽(2)　　　뒤쪽(8)　　　오른쪽(4)　　왼쪽(6)　　3/4오른쪽(1)　　3/4왼쪽(3)　　아래쪽(0)

위쪽(5)

3) 3D창의 기즈모(gizmo) 사용법

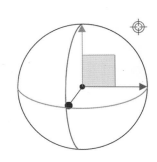

· [3D창] 의상을 좌클릭하여 기즈모 기능을 사용한다.

· 기즈모 축은 화면에서 의상이 보이는 각도에 따라 다르게 형성된다.

· 기즈모의 직선축 또는 회전축을 좌클릭+드래그하면서 패턴을 원하는 위치 또는 방향으로 이동시킨다.

(1) 직선축

· 빨간색 화살표: X축 좌-우 방향으로 패턴을 이동시킨다.

· 연두색 화살표: Y축 상-하 방향으로 패턴을 이동시킨다.

· 파란색 화살표: Z축 앞-뒤 방향으로 패턴을 이동시킨다.

(2) 회전축

· 빨간색 반원: 수평선을 기준으로 상-하 방향으로 패턴을 회전시킨다.

· 연두색 반원: 수직선을 기준으로 좌-우 방향으로 패턴을 회전시킨다.

· 파란색 원: 중심을 기준으로 시계, 반시계 방향으로 패턴을 회전시킨다.

(3) 노란색 박스

· 좌클릭+드래그하여 패턴을 상-하, 좌-우, 앞-뒤로 자유롭게 이동 가능하다.

기즈모 직선축

상-하

좌-우

앞-뒤

기즈모 회전축

상-하 회전

좌-우 회전

앞-뒤 회전

4 2D창 툴 기능

2D window tool function

1) 2D창 툴

아이콘		명칭
메인툴	서브툴	
		패턴 이동/변환 A
		점/선 수정 Z
		점/선분 변환
		Edit Link
		곡선점 수정 V
		곡률 수정 C
		자연스러운 곡선 만들기
		점 추가/선분 나누기
		패턴 벌리기 (점)
		패턴 벌리기 (선분)
		다각형 패턴 H
		사각형 패턴 S
		원 E
		나선형
		내부 다각형/선 G
		내부 사각형
		내부 원 R
		다트

아이콘		명칭
메인툴	서브툴	
		재봉선 수정 B
		선분 재봉 N
		M:N 선분 재봉
		자유 재봉 M
		M:N 자유 재봉
		재봉선 길이 검사
		스팀
		심지 테이프
		텍스처 수정 (2D) T
		그래픽 변환
		그래픽 (2D 패턴)
		탑스티치 수정 J
		선분 탑스티치 K
		자유 탑스티치 L
		재봉선 탑스티치
		퍼커링 수정

기초 다각형	
기초 사각형	
기초 원	
기초 다트	
트레이스 l	
너치	
시접	
패턴 길이 비교	
줄자 수정	
줄자	
주석/기호 수정	
패턴 주석	
패턴 기호	
플리츠	
플리츠 접기	
플리츠 재봉	
그레이딩 수정	
그레이딩 곡선점 수정	
그레이딩 수정 (개별)	
그레이딩 곡선점 수정 (개별)	
자동 그레이딩	

선분 퍼커링	
자유 퍼커링	
재봉선 퍼커링	
서브레이어 설정	
Fill(패딩)	

※ 메인툴 아이콘의 우측 하단 삼각형을 좌클릭으로 길게 누르면, 서브툴 아이콘들이 나타나 선택 가능.

※ 좌측 상단에 화살표가 있는 아이콘은 수정 툴을 의미.

[1] 패턴 이동/변환 ◩

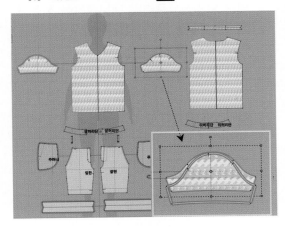

- 패턴을 단위로 선택하여 이동하거나, 크기를 조절하고 회전시킨다.
- 패턴을 좌클릭+드래그하여 [2D창]에서 위치를 이동한다.
- 패턴을 좌클릭으로 선택하면 외곽선이 노란색으로 표시되며, 점선 박스의 방향점을 좌클릭+드래그하여 패턴의 모양을 변형할 수 있다.
- 패턴을 우클릭하면 팝업 메뉴가 나타나 다양한 편집 기능을 적용할 수 있다.

* [2D창]에서 좌클릭+드래그로 영역 내에 위치한 모든 패턴을 한 번에 선택 가능.

[패턴 이동/변환]의 우클릭 팝업 메뉴

같은 속성 선택	삭제 Del		[입자 간격], [레이어], [원단] 중 같은 속성을 가진 패턴들을 모두 선택
같은 속성 선택			
새로운 원단 적용			
삭제 Del			
복사 Ctrl+C			
붙여넣기 Ctrl+V			
좌우반전 붙여넣기 Ctrl+R			
Replace			
반전 선택 Ctrl+Shift+I			
고정			

같은 속성 선택	[입자 간격], [레이어], [원단] 중 같은 속성을 가진 패턴들을 모두 선택		
Select All Sewn	봉제로 연결된 패턴들을 모두 선택		
새로운 원단 적용	패턴에 새로운 원단을 생성해 적용하며, [물체창]에 새 원단이 생성됨		
삭제	패턴을 삭제		
복사	패턴을 복사		
붙여넣기	복사한 패턴을 붙여넣기		
좌우반전 붙여넣기	복사한 패턴을 좌우반전해 붙여넣기		
교체	패턴을 복사해 둔 패턴으로 변경		
반전 선택	선택한 패턴 이외의 모든 패턴을 선택		
고정	패턴이 선택 및 이동되지 않도록 고정		
동시 수정 패턴 복제	대칭으로 (패턴과 재봉선)	패턴과 재봉선 모두를 동시 수정 패턴으로 대칭 복제	
	대칭으로 (패턴)	동시 수정 패턴으로 대칭 복제	
	같은 방향으로 (패턴)	동시 수정 패턴으로 같은 방향 복제	
동시 수정 설정	대칭으로 (골 패턴과 재봉선)	대칭 패턴을 동시 수정 패턴으로 설정	
내부도형으로 복제	선택한 패턴을 다른 패턴 내에 좌클릭한 위치에 내부도형으로 복제		

(좌측 메뉴 목록)

같은 속성 선택 ▶
새로운 원단 적용
삭제   Del
복사   Ctrl+C
붙여넣기   Ctrl+V
좌우반전 붙여넣기   Ctrl+R
Replace
반전 선택   Ctrl+Shift+I
고정

대칭으로 (패턴과 재봉선)   Ctrl+D
대칭으로 (패턴)
같은 방향으로 (패턴)

대칭으로 (골 패턴과 재봉선)
내부도형으로 복제
내부선분 생성
패턴 외곽선 연장/축소
겹 패턴 복제 (바깥쪽)   Ctrl+Shift+V
겹 패턴 복제 (안쪽)   Ctrl+Shift+B
참조선 생성
참조선 삭제

아카이브
비활성화 (패턴)   Ctrl+J
비활성화 (패턴과 재봉선)
프리즈   Ctrl+K
강화   Ctrl+H
형태 유지
순서 ▶
회전 ▶
반대편으로 ▶
3D 패턴 숨기기   Shift+Q
선택된 것으로 확대

※ 동시 수정 패턴은 p.23-24의 설명 참고

		내부선분 생성	패턴 외곽선으로부터 내부선분을 생성하며, [내부선분 생성] 팝업창에서 [거리]와 [옵션]을 설정
		패턴 외곽선 연장/축소	패턴 외곽선을 연장 또는 축소하며, [패턴 외곽선 연장] 팝업창에서 [거리] 등을 설정
		겹 패턴 복제 (바깥쪽)	패턴이 바깥쪽으로 복제되는 동시에 재봉선으로 연결됨
		겹 패턴 복제 (안쪽)	패턴이 안쪽으로 복제되는 동시에 재봉선으로 연결됨
		참조선 생성	참조선이 검은색 선으로 표시되어 패턴 수정 시 원래 형태를 참고 가능
		참조선 삭제	기존 참조선을 삭제
3D 패턴		아카이브	사용되지 않는 패턴을 아카이브하면, [2D창]에서 투명한 점선으로 표시되며 [3D창]에서는 사라짐
		비활성화 (패턴)	패턴을 비활성화하면 [3D창]에서 반투명한 보라색으로 표시되며, 시뮬레이션에서 없는 패턴으로 인식됨
		비활성화 (패턴과 재봉선)	패턴과 재봉선을 모두 비활성화
		프리즈	패턴을 물체처럼 고정시켜 시뮬레이션 과정에서 충돌 처리되며 형태가 유지됨
		강화	시뮬레이션 과정에서 패턴 물성을 뻣뻣하게 만들어 플리츠나 턱을 깨끗하게 접히게 하고, 뭉친 패턴을 펴줌
		형태 유지	패턴 단위로 드레이핑 상태를 유지
		순서	[2D창]에서 패턴의 배치 순서를 편의에 따라 변경
		회전	[2D창]에서 패턴의 배치 각도를 편의에 따라 변경
		반대편으로	[2D창]에서 패턴의 배치를 반대 방향으로 뒤집음
		3D 패턴 숨기기	[3D창]에서 보이지 않게 숨김
		선택된 것으로 확대	선택한 패턴을 [2D창]에서 확대

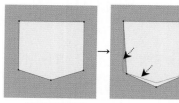

원래 패턴의   패턴 수정 중 기존
참조선 생성   참조선 확인 기능

※ 삭제는 우클릭 팝업 메뉴에서 [참조선 삭제]를 클릭

비활성화   비활성화
(패턴)   (패턴과 재봉선)

※ 다시 활성화는 우클릭 팝업 메뉴에서 [활성화]를 클릭

순서
- 앞으로 가져오기
- 맨 앞으로 가져오기
- 뒤로 보내기
- 맨 뒤로 보내기

회전
- Reset Along Grain Direction
- 시계 방향 (45°)
- 시계 방향 (90°)
- 반시계 방향 (45°)
- 반시계 방향 (90°)
- X축
- Y축
- 사용자 지정 축

반대편으로
- Horizontally
- Horizontally (Each)
- 상하
- Vertically (Each)

※ [내부도형으로 복제], [내부선분 생성], [패턴 외곽선 연장/축소], [겹 패턴 복제]는 p.24-25의 설명 참고
※ [프리즈], [강화], [형태 유지]는 p.26의 설명 참고

동시 수정 패턴

- 좌우로 대칭을 이루는 한 쌍의 패턴을 의미.
- [동시 수정 설정]된 패턴은 한쪽 패턴 수정 시 다른 한쪽에도 동시에 동일하게 반영됨.
- 동시 수정 패턴은 2D창에서 파란색 외곽선으로 표시됨.
- [패턴 이동/변환] 툴로 패턴을 우클릭하여 동시 수정 설정 또는 해제가 가능.

[동시 수정 패턴 복제]

- 복제할 패턴 ①을 우클릭하여 팝업 메뉴의 [동시 수정 패턴 복제]에서 [대칭으로 (패턴과 재봉선)], [대칭으로 패턴], [같은 방향으로 (패턴)] 중 선택한 후, 복제할 위치 ②에 마우스 오버하면 노란색 선의 미리보기가 나타나며, 좌클릭하여 ③과 같이 고정.
- [같은 방향으로 (패턴)]을 선택할 경우, ④와 같이 동일한 패턴이 복제되며 우클릭하면 나타나는 [붙여넣기] 팝업창에서 복제 패턴의 배치 [간격]과 복제 [개수]를 설정 가능.

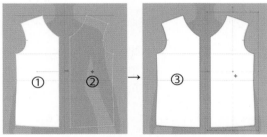

[대칭으로 (패턴과 재봉선)]

[같은 방향으로 (패턴)]

대칭으로 (패턴과 재봉선) Ctrl+D 대칭으로 (패턴) 같은 방향으로 (패턴)		
대칭으로 (패턴과 재봉선)	원본 패턴과 대칭으로 패턴과 재봉선을 모두 복제
대칭으로 (패턴)	원본 패턴과 대칭으로 패턴만 복제
같은 방향으로 (패턴)	원본 패턴과 같은 방향으로 패턴만 복제

[동시 수정 설정 - 대칭으로 (골 패턴과 재봉선)]

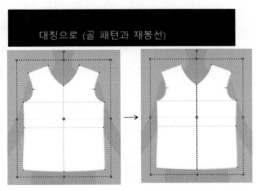

대칭으로 (골 패턴과 재봉선)

- 대칭 형태의 패턴을 중심축을 기준으로 좌우 동시 수정 패턴으로 변경.
- 골 패턴이 되면서 중심축에 골선이 생성됨.

두 개의 대칭 패턴을 [동시 수정 설정]하는 경우

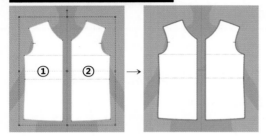

- 대칭 형태인 두 개의 패턴을 동시 수정 패턴으로 설정.
- ① 패턴을 좌클릭으로 선택하고 Shift를 누른 상태에서 ② 패턴을 좌클릭으로 선택한 뒤에 우클릭하여 팝업 메뉴에서 [동시 수정 설정]에서 [대칭으로 (패턴과 재봉선)] 또는 [대칭으로 (패턴)]을 클릭.

두 개의 동시 수정 패턴을 [합치기]

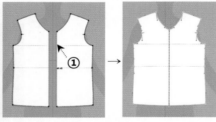

- 대칭 패턴을 하나의 패턴으로 합침.
- [점/선 수정]▨ 툴 선택한 후, 합칠 중심축 ①을 우클릭하여 팝업 메뉴에서 [합치기]를 클릭.

[내부 도형으로 복제]

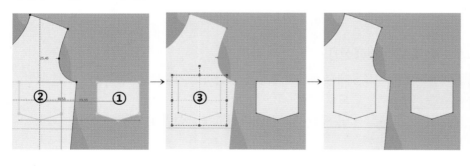

복제할 패턴 ①을 우클릭해 [내부도형으로 복제]를 선택한 후, 다른 패턴 내부에 마우스 오버하면 ②의 미리 보기가 나타나며, 좌클릭하여 ③과 같이 위치 고정.

[내부선분 생성] 팝업창

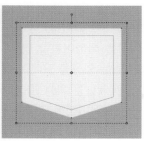

- 패턴 외곽선으로부터 일정 간격 떨어진 내부선분을 생성.
- 팝업창에서 떨어진 [거리], [옵션]을 설정한 후 [확인] 클릭.
- 2D 패턴에서 빨간색 선의 미리보기로 확인 가능.

거리	선분 개수	생성할 내부선분의 개수
	거리	외곽선으로부터의 거리
옵션		[반대 방향] 또는 [내부선] 중 선택

[패턴 외곽선 연장] 팝업창

외곽선 연장

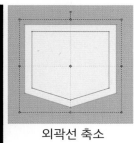

외곽선 축소

- [방향]을 [연장] 또는 [축소]를 선택.
- [연장]의 경우, [거리], [개수], [옆선 각도] 등을 설정.
- [축소]를 선택하면 팝업창 내용이 변경되며, [방향], [거리], [개수]를 설정.
- 2D 패턴에서 검은색 선의 미리보기로 확인 가능.

[겹 패턴 복제]

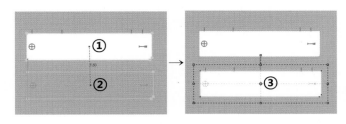

복제할 패턴 ①을 우클릭하여 툴을 선택한 후, 복제할 위치 ②에 마우스 오버하면 노란색 선의 미리보기가 나타나며, 좌클릭하여 ③과 같이 고정.

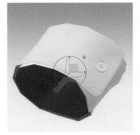

[겹 패턴 복제 (바깥쪽)]

[겹 패턴 복제 (안쪽)]

[프리즈]

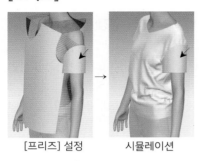

[프리즈] 설정 → 시뮬레이션

• 선택한 패턴을 단단한 물체처럼 고정시켜 시뮬레이션했을 때 드레이핑되지 않고 그대로 유지됨.
• 여러 의상을 레이어링할 경우, 안에 입는 의상을 드레이핑하여 프리즈한 후, 겉에 입는 의상을 드레이핑하여 안정적으로 시뮬레이션.
• [프리즈]된 패턴은 하늘색으로 표시되며, 시뮬레이션 시 충돌 처리되어 다른 패턴 시뮬레이션에 영향을 줌.
* 해제는 우클릭 팝업 메뉴의 [프리즈 해제]를 클릭

[강화]

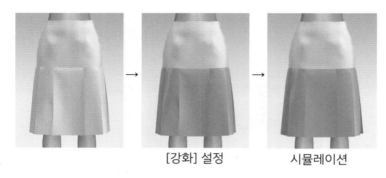

[강화] 설정 → 시뮬레이션

• 시뮬레이션 활성화 상태에서 패턴 물성을 뻣뻣하게 변경.
• [강화]된 패턴은 오렌지색으로 표시됨.
* 해제는 우클릭 팝업 메뉴의 [강화 해제]를 클릭

[형태 유지]

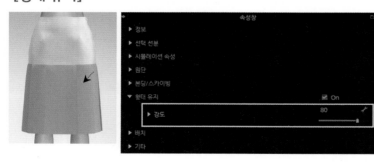

• 선택한 패턴의 기존 드레이핑 상태를 유지.
• [형태 유지]된 패턴은 회색으로 표시됨.
• [속성창]의 [형태 유지]에서 [강도] 값을 높일수록 유지 효과 좋음.
* 해제는 우클릭 팝업 메뉴의 [형태 유지 해제]를 클릭

(2) 점/선 수정

① 점/선 수정

• 삭제는 좌클릭으로 점/선을 선택한 후, Delete키를 누른다.
• 길이 및 위치 수정은 점/선을 좌클릭+드래그한다.
• 점/선을 좌클릭+드래그하는 동시에 우클릭하면, [이동 거리] 팝업창이 나타나 원하는 값을 입력해 변형 가능하다.
• 점/선을 우클릭하여 팝업 메뉴에서 [삭제], [복사], [붙여넣기], [내부선분 생성] 등이 가능하다.

- 곡선점 또는 곡선을 ①과 같이 좌클릭으로 선택하면 ②의 핸들바가 나타나며, 이 핸들바를 좌클릭+드래그하여 ③과 같이 이동시키면서 ④의 곡선 형태로 수정할 수 있다.

  * 좌클릭+드래그하는 동시에 Shift키를 누르면, 수직, 수평, 45도 대각선의 가이드 라인이 나타남.

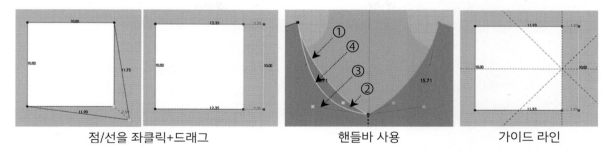

| 점/선을 좌클릭+드래그 | | 핸들바 사용 | 가이드 라인 |

[이동 거리] 팝업창

- [이동 거리] 팝업창에 원하는 값을 입력하여 노란색 선의 미리보기를 확인한 후, [확인] 클릭.

점의 우클릭 팝업 메뉴

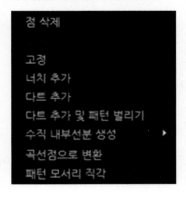

점 삭제	점을 삭제
교체	선택한 패턴을 복사해 둔 패턴으로 변경
고정	점이 움직이지 않도록 고정
너치 추가	선택한 점의 위치에 너치 추가
다트 추가	선택한 점의 위치에 다트 추가
다트 추가 및 패턴 벌리기	선택한 점의 위치에 다트 추가하면서 [패턴 벌리기 (점)] 툴을 실행
수직 내부선분 생성	선택한 점의 위치에 X 또는 Y축을 기준으로 수직 내부 선분을 생성
곡선점으로 변환	선택한 직선점을 곡선점으로 변환
패턴 모서리 직각	점의 모서리를 직각으로 변형

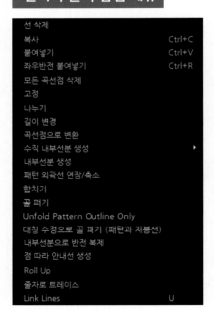

선 삭제	선을 삭제
복사	선을 복사
붙여넣기	복사한 선을 붙여넣음
좌우반전 붙여넣기	복사한 선을 좌우반전해 붙여넣음
모든 곡선점 삭제	선의 곡선점을 모두 삭제
고정	선이 움직이지 않도록 고정
나누기	[선분 나누기] 팝업창에서 개수, 길이를 지정해 선을 분할 ※ [점 추가/선분 나누기] 툴 설명 참고
길이 변경	[길이 변경] 팝업창에서 수치, 방향을 설정해 선의 길이를 변경
곡선점으로 변환	선의 직선점을 곡선점으로 변환
수직 내부선분 생성	· 선택한 선의 X축, Y축, 연장선 방향으로 수직 내부선분을 생성 · 방향 선택한 후 [수직 내부선분 생성] 팝업창에서 세부 사항을 설정
내분선분 생성	· 선택한 선에 평행한 내부선분을 생성 · [내부선분 생성] 팝업창에서 [거리]와 [옵션]의 방향 등을 설정
패턴 외곽선 연장/축소	선택한 외곽선 길이를 [패턴 외곽선 연장] 팝업창에서 [방향], [거리], [개수] 등을 설정해 변형
합치기	서로 다른 패턴의 외곽선을 각각 좌클릭, Shift+좌클릭으로 선택해 하나의 패턴으로 합침(먼저 선택한 패턴을 Shift+좌클릭한 패턴에 가져와 합침)
골 펴기	선택한 선을 기준으로 좌우 같은 형태의 대칭 패턴을 생성
Unfold Pattern Outline Only	선택한 외곽선을 기준으로 대칭으로 패턴을 펴서 넓게 변형함 ※ 곡선에는 적용 불가
대칭 수정으로 골 펴기 (패턴과 재봉선)	선택한 선을 기준으로 동시 수정 설정된 좌우 같은 형태의 대칭 패턴이 생성
내부선분으로 반전 복제	선택한 선에 기준선을 설정해 내부선분으로 반전 복제
점 따라 안내선 생성	선택한 선의 점을 연장한 안내선을 생성
Roll Up	소매나 바지 부리 등의 선을 선택해 최대 3번까지 접어 올릴 수 있으며, [Roll Up] 팝업창의 [Number of Roll Up]에서 접을 횟수를 설정하고 [거리]에서 접을 폭의 수치를 설정
줄자로 트레이스	선택한 선을 줄자로 트레이스함
Link Lines	선택한 선들을 링크 설정하여 함께 동시에 수정 가능

※ 직선을 선택할 경우 우클릭 팝업 메뉴에 [모든 곡선점 삭제], [곡선점으로 변환] 항목이 없음

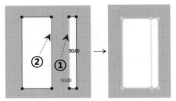
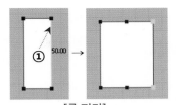
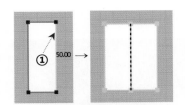

[합치기]
①과 ②를 차례대로 좌클릭
후, 우클릭하여 [합치기] 클릭

[골 펴기]
①을 좌클릭 후, 우클릭하여
[골 펴기] 클릭

[대칭 수정으로 골 펴기
(패턴과 재봉선)]
①을 좌클릭 후, 우클릭하여 [대칭
수정으로 골 펴기] 클릭

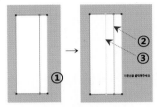
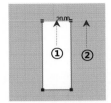

[내부선분으로 반전 복제]
①을 좌클릭하여 우클릭에서 툴 선택 후,
기준선으로 ②를 좌클릭하면 ③이 생성됨

[점 따라 안내선 생성]
①을 좌클릭하여 우클릭에서
툴을 선택하면 ②가 생성됨

[Roll Up] 팝업창

- [Number of Roll Up]에서 접을 횟수를 설
  정하고 [거리]에서 접을 폭의 수치를 설정.

[Link Lines]

- ①을 우클릭하여 [Link Lines]를 선택하고 ②를 좌클릭하여 링크
  할 선분으로 설정한 후, ③의 점을 좌클릭+드래그하면 링크된 선
  분이 함께 변경됨.

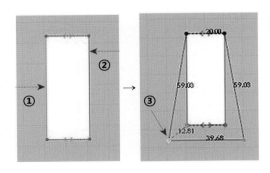

[길이 변경] 팝업창

- 원하는 [길이], [방향]을 설정한 후 [확인] 클릭.
- 2D 패턴에서 노란색 선의 미리보기로 확인 가능.

[수직 내부선분 생성] 팝업창

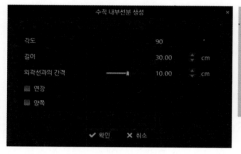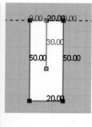

- 원하는 [각도], [길이], [외곽선과의 간격] 등을 설정한 후 [확인] 클릭.
- 2D 패턴에서 빨간색 선의 미리보기로 확인 가능.

[내부선분 생성] 팝업창

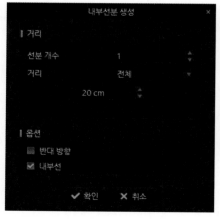

- 원하는 생성 [선분 개수], [거리], [옵션]을 설정한 후 [확인] 클릭.
- 2D 패턴에서 빨간색 선의 미리보기로 확인 가능.

[패턴 외곽선 연장] 팝업창

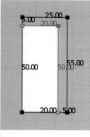

- 원하는 [방향], [거리], [개수], [옆선 각도] 등을 설정한 후 [확인] 클릭.
- 2D 패턴에서 검은색 선의 미리보기로 확인 가능.

② 점/선분 변환

- 좌클릭+드래그로 점/선분을 이동한다.
- 좌클릭+드래그하는 동시에 우클릭하면 [이동 거리] 팝업창이 나타나 각 선분의 이동 거리, 길이 등을 입력 가능하며, (+)값은 오른쪽으로, (-)값은 왼쪽으로 이동한다.

[이동 거리] 팝업창

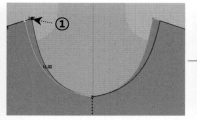
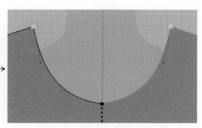

①의 점을 좌클릭+드래그하는 동시에 우클릭해 [이동 거리] 팝업창에 값을 입력한 후, 노란색 선의 미리보기가 나타나면 [확인]을 클릭

③ Edit Link

- 선분들에 설정된 링크를 수정 가능하다.

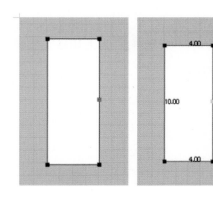

④ 곡선점 수정

- 툴 선택 시 기존의 곡선점이 빨간색으로 표시된다.
- 삭제는 좌클릭으로 곡선점을 선택한 후, Delete키를 누르며, 곡선점 삭제 시 직선으로 수정된다.
- 곡선점을 좌클릭+드래그로 이동하여 패턴을 수정한다.
- 선분 위에 좌클릭하면 곡선점이 생성되어 그 점을 좌클릭+드래그하여 곡선으로 변형이 가능하다.
- 곡선점을 우클릭하여 팝업 메뉴에서 점을 삭제하거나, 직선점으로 변환이 가능하다.

⑤ 곡률 수정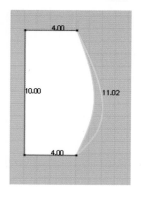

• 직선 선분을 좌클릭+드래그하여 곡선으로 변경하거나, 곡선 선분을 좌클릭+드래그하여 곡률 수정이 가능하다.

⑥ 자연스러운 곡선 만들기

• 모서리의 직선점을 좌클릭+드래그하여 자연스러운 곡선으로 변형 가능하다.
• 좌클릭+드래그하는 동시에 우클릭하면, [모서리 둥글리기] 팝업창이 나타나 원하는 수치를 입력해 둥글리기가 가능하다.

[모서리 둥글리기] 팝업창

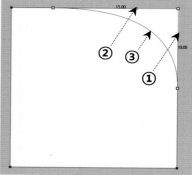

• 선분 ①, ②의 길이와 곡률을 설정하면, 빨간색 곡선 ③의 미리보기로 확인 가능.
• 선분 길이 옆 [연동 해제] 를 클릭하여 [연동] 으로 변경하면 선분 ①, ②가 같은 길이로 둥글려짐.

⑦ 점 추가/선분 나누기

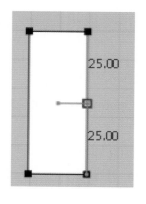

• 선분 위에 좌클릭으로 직선점을 추가해 두 개의 선분으로 분할한다.
• 좌클릭 전에 선분에 마우스 오버하면 분할되는 선분 길이가 미리보기로 나타난다.
• 선분 위에서 우클릭하면 [선분 나누기] 팝업창이 나타나, 원하는 길이, 비율을 입력하거나 선분 개수와 방향을 지정해 분할이 가능하다.

[선분 나누기] 팝업창

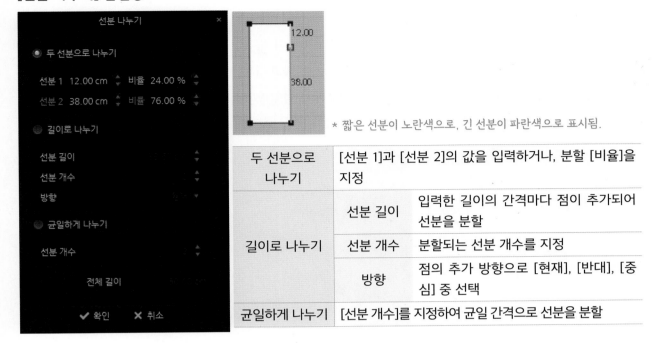

* 짧은 선분이 노란색으로, 긴 선분이 파란색으로 표시됨.

두 선분으로 나누기		[선분 1]과 [선분 2]의 값을 입력하거나, 분할 [비율]을 지정
길이로 나누기	선분 길이	입력한 길이의 간격마다 점이 추가되어 선분을 분할
	선분 개수	분할되는 선분 개수를 지정
	방향	점의 추가 방향으로 [현재], [반대], [중심] 중 선택
균일하게 나누기		[선분 개수]를 지정하여 균일 간격으로 선분을 분할

[3] 패턴 벌리기

① 패턴 벌리기 (점)

- 설정한 절개선을 기준으로 패턴의 둘레를 벌린다.
- 절개선의 시작점 ①과 끝점 ②를 좌클릭으로 선택하여 기준선을 설정하고, 회전할 쪽 ③을 좌클릭으로 선택한 후, 마우스 커서를 이동하면서 노란색 선의 미리보기를 확인한 뒤에 좌클릭으로 고정한다.
- 위의 미리보기 과정에서 우클릭하면 [패턴 벌리기] 팝업창이 나타나 원하는 수치의 [거리]와 [회전 각도] 입력이 가능하다.

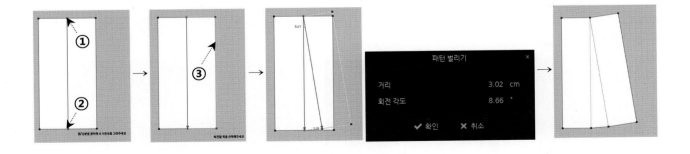

② 패턴 벌리기 (선분)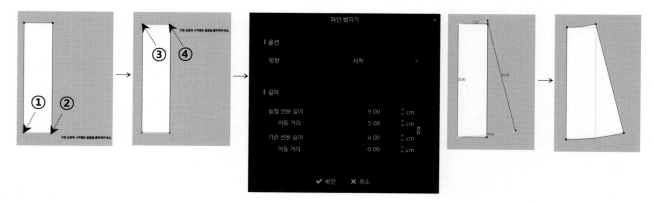

- 패턴의 선분을 선택하여 둘레를 벌린다.
- 기준 선분과 늘리는 선분이 자연스러운 곡선 형태가 된다.
- 늘릴 선분의 시작점 ①과 끝점 ②를 좌클릭으로 선택하고, 기준 선분의 시작점 ③과 끝점 ④를 좌클릭하면, [패턴 벌리기] 팝업창이 나타난다. 팝업창에서 벌릴 [방향]과 [길이]를 설정하면 노란색 선의 미리보기가 제시되며, 원하는 형태에서 [확인]을 클릭해 고정한다.

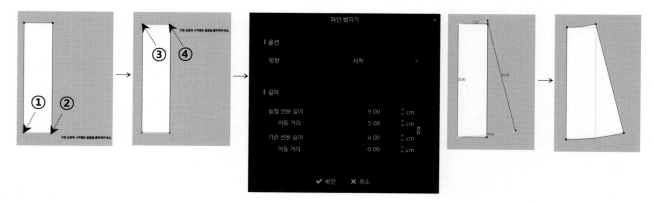

(4) 다각형 패턴

① 다각형 패턴

- 좌클릭으로 점을 찍어가며 다각형 패턴을 생성 후, 시작점을 다시 좌클릭하여 마무리한다.
- 생성 도중에 우클릭하면 [다각형 생성] 팝업창이 나타나, 원하는 [길이] 값을 입력하거나, 기준 축을 설정해 [대칭 생성]으로 다각형을 만들 수 있다.

* Ctrl키를 누른 상태에서 좌클릭하면, 자유 곡선점으로 변경되어 곡선의 다각형을 생성.
* Shift키를 누른 상태에서 좌클릭하면, 수직, 수평, 45도 선상의 가이드 라인이 나타남.
* Ctrl+Z키를 누르면 진행 중이던 작업이 모두 취소됨.
* Delete키를 누르면 마지막 점부터 차례대로 작업 취소 가능.

[다각형 생성] 팝업창

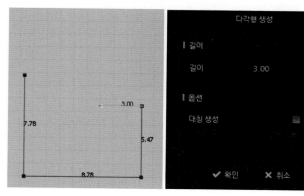 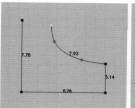 

Ctrl+좌클릭으로 곡선점을 찍어가며 다각형을 생성

Shift+좌클릭하면 수직, 수평 45도로 점을 생성 가능

② 사각형 패턴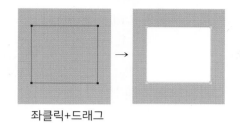

- 좌클릭+드래그로 사각형 패턴을 생성한다.
- 좌클릭한 후 드래그하지 않으면, [사각형 생성] 창이 나타나 원하는 [크기]를 설정하거나, [반복]을 설정해 동일한 사각형을 원하는 개수로 생성 가능하다.

  * Shift키를 누르면 정사각형을 생성.
  * Ctrl키를 누르면 중심을 기준으로 사각형을 생성.
  * Shift+Ctrl키를 누르면 중심 기준으로 정사각형을 생성.
  * Ctrl+Z키를 누르면 작업이 취소됨.

좌클릭+드래그

[사각형 생성] 팝업창

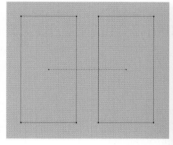

크기	너비	사각형의 가로 길이
	높이	사각형의 세로 길이
반복	간격	생성 개체 사이의 간격
	각도	동일 개체의 생성 위치
	개수	동일 개체의 생성 개수

③ 원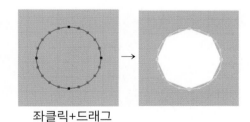

- 좌클릭+드래그로 원형 패턴을 생성한다.
- 좌클릭한 후 드래그하지 않으면, [원 생성] 팝업창이 나타나 원의 [크기], [반복] 설정이 가능하다.

  * Shift키를 누르면 정원을 생성.
  * Ctrl키를 누르면 중심을 기준으로 원을 생성.
  * Shift+Ctrl키를 누르면 중심을 기준으로 정원을 생성.
  * Ctrl+Z키를 누르면 작업이 취소됨.

좌클릭+드래그

[원 생성] 팝업창

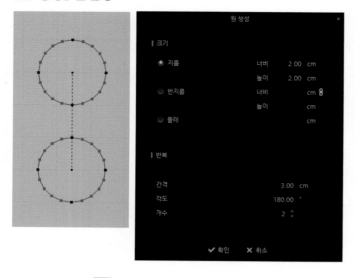

크기	지름	지름의 [너비], [높이]
	반지름	반지름의 [너비], [높이]
	둘레	원의 둘레
반복	간격	생성 개체 사이의 간격
	각도	동일 개체의 생성 위치
	개수	동일 개체의 생성 개수

④ 나선형

- 좌클릭하여 [Creat Spiral(나선형 생성)] 팝업창이 나타나면, [반지름], [길이], [너비], [간격], [방향]을 설정해 나선형 패턴을 생성한다.

[Create Spiral(나선형 생성)] 팝업창

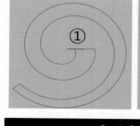 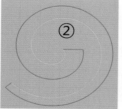 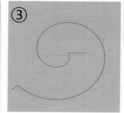  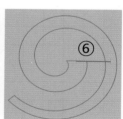

반지름	[안쪽] 반지름 ①	
길이	안쪽	안쪽 둘레 ②
	바깥쪽	바깥쪽 둘레 ③
너비	안쪽	안쪽 너비 ④
	바깥쪽	바깥쪽 너비 ⑤
간격	나선 사이의 간격 ⑥	
방향	나선의 회전 방향을 시계/반시계 중 선택	

(5) 내부 다각형/선

※ 내부 다각형/선, 사각형, 원은 빨간색 선으로, 내부 다트는 파란색 선으로 표시되며, 모두 패턴 내부에만 생성 가능.

① 내부 다각형/선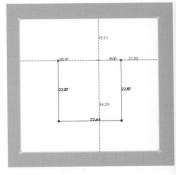

- 패턴 내부에서 좌클릭으로 점을 찍어가며 다각형을 생성한 후, 시작점을 다시 좌클릭하여 마무리한다.
- 생성 도중에 우클릭하면 [내부 다각형/선분 생성] 팝업창이 나타나, 원하는 [길이] 값을 입력하거나, [옵션]에서 [대칭 생성]이 가능하며, [배치]에서 패턴 내 생성되는 다각형의 위치를 설정 가능하다.
  * Ctrl키를 누른 상태에서 좌클릭하면, 자유 곡선점으로 변경되어 곡선의 다각형을 생성.
  * Shift키를 누른 상태에서 좌클릭하면, 수직, 수평, 45도 선상의 가이드 라인이 나타남.
  * Ctrl+Z키를 누르면 진행 중이던 작업이 모두 취소됨.
  * Delete키를 누르면 마지막 점부터 차례대로 작업을 취소 가능.

[내부 다각형/선분 생성] 팝업창

길이	생성되는 선의 길이
옵션	[대칭 생성]할 경우 [On]을 클릭 후, [기준 축]을 선택
배치	생성되는 선의 위치 값을 입력 또는 확인 가능

② 내부 사각형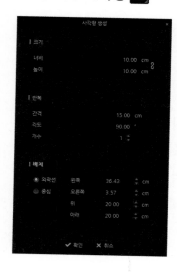

- [사각형 패턴]▣과 사용 방법이 동일하다.
- 패턴 내부에서 좌클릭+드래그로 사각형을 생성한다.
- 좌클릭한 후 드래그하지 않으면, [사각형 생성] 팝업창이 나타나 원하는 [크기], [반복], [배치] 설정이 가능하다.

* Shift키를 누르면 정사각형을 생성.

* Ctrl키를 누르면 중심을 기준으로 사각형을 생성.

* Shift+Ctrl을 누르면 중심 기준으로 정사각형을 생성.

* Ctrl+Z키를 누르면 작업이 취소됨.

③ 내부 원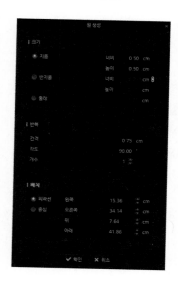

- [원]●과 사용 방법이 동일하다.
- 패턴 내부에서 좌클릭+드래그로 원을 생성한다.
- 좌클릭한 후 드래그하지 않으면, [원 생성] 팝업창이 나타나 원하는 [크기], [반복], [배치] 설정이 가능하다.

* Shift키를 누르면 정원을 생성.

* Ctrl키를 누르면 중심을 기준으로 원을 생성.

* Shift+Ctrl키를 누르면 중심을 기준으로 정원을 생성.

* Ctrl+Z키를 누르면 작업이 취소됨.

④ 다트 ▣

- 툴을 선택한 후 2D 패턴 내부에 마우스 오버하면, 가이드 라인이 나타나 위치를 확인하면서 좌클릭+드래그로 다트를 생성한다. 다트의 내부는 시접 없이 뚫린 상태로 생성된다.
- 좌클릭한 후 드래그하지 않으면, [다트 생성] 팝업창이 나타나 다트의 [너비], [높이], [배치] 위치 지정이 가능하다.

[다트 생성] 팝업창

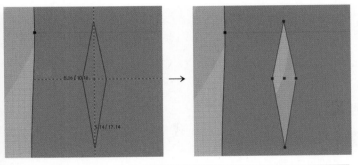

너비 (왼쪽)	중심 기준 왼쪽 너비	
너비 (오른쪽)	중심 기준 오른쪽 너비	
높이 (위)	중심 기준 위쪽 높이	
높이 (아래)	중심 기준 아래쪽 높이	
배치	외곽선	외곽선으로부터의 위치
	중심	중심으로부터의 위치

(6) 기초 다각형

※ 기초 다각형, 사각형, 원, 다트는 보라색 점선으로 표시되며, 패턴 내부에만 생성 가능.

① 기초 다각형 ▣

- [다각형 패턴]▣과 사용 방법이 동일하다.
- 패턴 내부에서 좌클릭으로 점을 찍어가며 다각형을 생성한 후, 시작점을 다시 좌클릭하여 마무리한다.
- 생성 도중에 우클릭하면 [다각형 생성] 팝업창이 나타나, 원하는 [길이] 값을 입력하거나 [대칭 생성]
  으로 다각형을 만들 수 있다.
- * Ctrl키를 누른 상태에서 좌클릭하면, 자유 곡선점으로 변경되어 곡선의 다각형을 생성.
- * Shift키를 누른 상태에서 좌클릭하면, 수직, 수평, 45도 선상의 가이드 라인이 나타남.
- * Ctrl+Z키를 누르면 진행 중이던 작업이 모두 취소됨.
- * Delete키를 누르면 마지막 점부터 차례대로 작업을 취소 가능.

② 기초 사각형 ▣

- [사각형 패턴]▣과 사용 방법이 동일하다.
- 패턴 내부에서 좌클릭+드래그로 사각형을 생성한다.
- 좌클릭한 후 드래그하지 않으면, [사각형 생성] 팝업창이 나타나, 원하는 [크기], [반복], [배치] 설정이
  가능하다.

* Shift키를 누르면 정사각형으로 생성됨.

* Ctrl키를 누르면 중심을 기준으로 사각형을 생성.

* Shift+Ctrl키를 누르면 중심 기준으로 정사각형을 생성.

* Ctrl+Z키를 누르면 작업이 취소됨.

③ 기초 원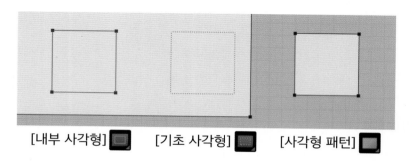

- [원] 과 사용 방법이 동일하다.

- 패턴 내부에서 좌클릭+드래그로 원을 생성한다.

- 좌클릭한 후 드래그하지 않으면, [원 생성] 팝업창이 나타나 원하는 [크기], [반복], [배치]를 설정 가능하다.

* Shift키를 누르면 정원이 생성됨.

* Ctrl키를 누르면 중심을 기준으로 원을 생성.

* Shift+Ctrl키를 누르면 중심을 기준으로 정원을 생성.

* Ctrl+Z키를 누르면 작업이 취소됨.

④ 기초 다트

- [다트] 와 사용 방법이 동일하다.

- 툴을 선택한 후 2D 패턴 내부에 마우스 오버하면, 다트 생성 시작점과 가이드 라인이 나타나 패턴 내부에 생성되는 위치 값이 확인되며, 좌클릭+드래그로 다트를 생성한다.

- 좌클릭한 후 드래그하지 않으면 [다트 생성] 팝업창이 나타나 다트의 [너비], [높이]를 입력하고, [배치] 위치 지정이 가능하다.

[내부 사각형], [기초 사각형], [사각형 패턴]의 선 모양 비교

[내부 사각형]   [기초 사각형]   [사각형 패턴]

[7] 트레이스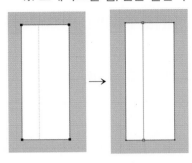

※ 트레이스된 점/선은 빨간색으로 표시됨.

- 기초선을 좌클릭한 후 Enter키를 눌러 내부선분/도형이나 분리된 패턴으로 생성한다.
- 기초선을 우클릭하여 팝업 메뉴에서 트레이스될 형식이나 자르기, 재봉 등 선택이 가능하다.
- * Shift키를 누른 상태로 좌클릭해 여러 개의 기초선을 선택 가능.
- * 좌클릭+드래그로 영역 내의 선분들을 모두 선택 가능.
- * 선분으로 닫힌 도형은 더블 클릭하여 도형 내의 선분들을 모두 선택 가능.
- * 2D 캐드 프로그램에서 작업하여 불러온 패턴은 선분과 선분이 정확히 연결되지 않은 경우, 벌어진 간격이 0.5mm 이하이면 자동으로 연결되어 내부 도형으로 트레이스되지만, 그 이상으로 벌어지면 내부선분으로 분리되어 트레이스됨.

[트레이스]의 우클릭 팝업 메뉴

패턴으로 트레이스
내부도형으로 트레이스
내부선분/도형으로 트레이스
자르기
자르기 & 재봉

패턴으로 트레이스	원본 패턴과 분리된 패턴으로 생성
내부도형으로 트레이스	패턴 내의 내부도형으로 생성
내부선분/도형으로 트레이스	패턴 내의 내부선분/도형으로 생성
자르기	선택 기초선으로 패턴이 분리됨
자르기 & 재봉	선택 기초선으로 패턴이 분리 후 서로 재봉됨

[8] 너치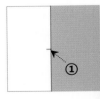

- 패턴 외곽선, 내부선분에 좌클릭하여 너치를 생성한다.
- 생성된 너치 ①은 빨간색으로 표시되며, 좌클릭+드래그로 이동 가능하다.
- 선분 위에서 우클릭하여 팝업창에서 원하는 생성 위치 값을 지정 가능하며, 팝업창 입력 항목은 [점 추가/선분 나누기] 의 [선분 나누기] 팝업창과 동일하다.

[9] 시접

- 외곽선 ①을 좌클릭하여 시접을 생성한 후, [속성창]에서 시접의 [너비], [종류]를 설정하면, 시접 ②가 생성된다.
- 시접은 검은색 선과 회색 면으로 표시된다.

[10] 패턴 길이 비교

- 서로 다른 패턴의 선분을 서로 붙여보며 길이를 비교할 수 있다.
- 선분 시작점 ①을 좌클릭한 뒤에 비교할 선분의 시작점 ②를 좌클릭한 후, 마우스를 움직여 패턴을 서로 붙여가며 길이를 확인한다. 확인 완료 시 Enter키를 눌러 종료한다.

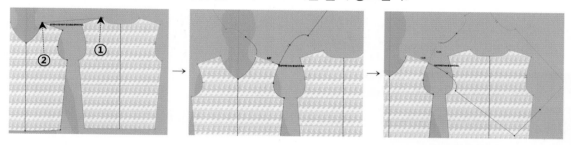

[11] 줄자 수정

- 삭제는 좌클릭으로 줄자의 점/선분을 선택한 후, Delete키를 누른다.
- 위치 이동은 줄자를 좌클릭+드래그한다.

[12] 줄자

- 시작점 ①을 좌클릭한 뒤에 끝나는 점 ②에서 더블 클릭 또는 Enter키를 눌러 줄자를 생성하면, 점과 점 사이의 길이가 측정된다.
- 시작점을 좌클릭으로 선택한 후, 우클릭하면 [줄자 생성] 팝업창이 나타나 [이동거리], [배치] 위치를 설정 가능하다.
- * Shift키를 누르면 수직, 수평, 45도 선상의 가이드 라인이 나타남.
- * Ctrl키를 누른 상태에서 좌클릭하면 곡선점이 생성.

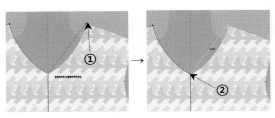
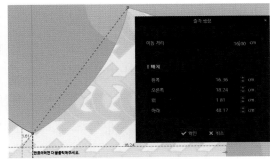

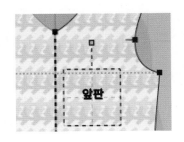

[13] 주석/기호 수정

- 삭제는 좌클릭으로 주석을 선택한 후, Delete키를 누른다.
- 위치 이동이나 회전은 주석을 좌클릭+드래그한다.

[14] 패턴 주석

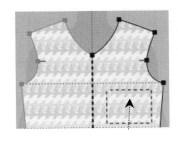

① 패턴 주석

- 좌클릭하여 커서가 나타나면, 텍스트를 입력한 뒤에 좌클릭 또는 Enter키를
  누른다.

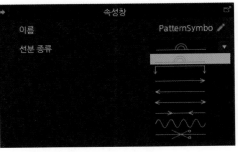

② 패턴 기호

- 패턴 외곽선이나 내부선분을 좌클릭
  으로 선택한 후, [속성창]에서 기호 종
  류를 선택하여 생성한다.

[15] 플리츠

① 플리츠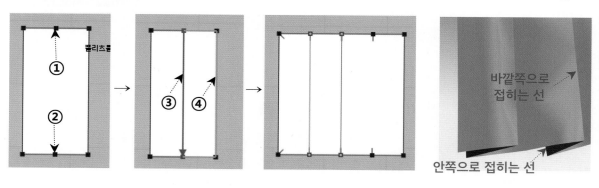

- 점 ①과 점 ②를 좌클릭하여 기준선을 ③과 같이 설정한 후, 플리츠를 추가할 방향으로 파란선 ④를 좌 클릭하면, 플리츠 팝업창이 나타난다. 이 팝업창에서 [플리츠 유형], [세부 사항], [옵션]을 설정한다.
- 2D 패턴에서 플리츠의 [바깥쪽으로 접히는 선]은 빨간색, [안쪽으로 접히는 선]은 녹색으로 표시된다.

[플리츠] 팝업창

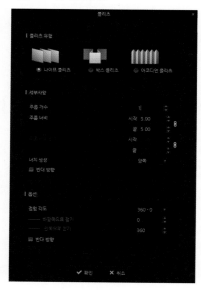

플리츠 유형	[나이프 플리츠], [박스 플리츠], [아코디언 플리츠] 중 선택	
세부 사항	주름 개수	총 주름 개수
	주름 너비	주름의 가로 폭
	주름 사이 간격	주름과 주름 사이의 간격
	너치 생성	[양쪽], [시작], [끝] 중 선택
	반대 방향	선택 시 반대로 접힘
옵션	접힘 각도	바깥쪽, 안쪽으로 접는 선분의 각도
	반대 방향	선택 시 반대로 접힘

② 플리츠 접기

- 플리츠 접는 패턴이 휘어진 경우, 플리츠 시작 위치 ①을 좌클릭하고, 접히는 방향으로 중간 위치 ②를 좌클릭한 후, 끝나는 위치 ③에서 더블 클릭하면 [플리츠 접기] 팝업창이 나타나 플리츠 유형, 방향, 각도 등을 설정한다.

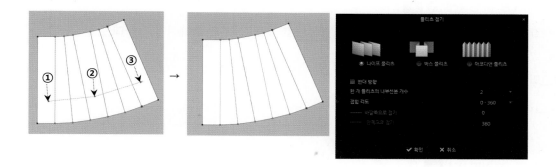

③ 플리츠 재봉

- 플리츠 패턴을 연결시킬 패턴의 선분 시작점 ①과 끝나는 점 ②를 좌클릭한 후, 플리츠 패턴의 시작점 ③과 끝나는 점 ④를 좌클릭하면 재봉선이 설정된다.

* 플리츠는 3개의 접히는 선분으로 구성되므로 ⑤와 ⑥의 위치에 점을 미리 생성한 후, [플리츠 재봉] 기능을 사용.

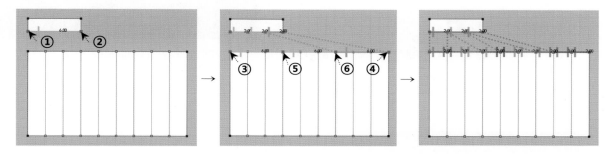

[16] 그레이딩 수정

① 그레이딩 수정

- 그레이딩 패턴의 외곽선 또는 점을 좌클릭으로 선택해 [속성창]에서 [거리], [간격], [방향키]의 값을 입력하여 수정한다.
- 좌클릭으로 선택한 후, 우클릭하면 팝업 메뉴가 나타나 [그레이딩 설정 해제], [복사/붙여넣기/좌우반전 붙여넣기], [좌우/상하 뒤집기], [정렬] 설정이 가능하다.

② 그레이딩 곡선점 수정

- 그레이딩 패턴의 곡선점을 좌클릭+드래그하여 수정한다.
- 좌클릭+드래그하는 동시에 우클릭하면 [이동 거리] 팝업창이 나타나 원하는 값 입력이 가능하다.

③ 그레이딩 수정 (개별)

• 그레이딩 패턴의 외곽선 또는 점을 개별적으로 좌클릭+드래그하여 수정한다.

④ 그레이딩 곡선점 수정 (개별)

• 그레이딩 패턴의 곡선점을 개별적으로 좌클릭+드래그하여 수정한다.

[17] 자동 그레이딩

• 착장된 의상의 패턴을 아바타 사이즈에 맞춰 자동 그레이딩한다.
• 기능 선택 시 나타나는 [자동 그레이딩] 팝업창에서 패턴 곡률 설정이 가능하다.

자동 그레이딩 ✕

패턴 곡률 유지 ━━━━━━━━━━ 100%
⬜ 그래픽 크기 유지

최적화된 결과를 위해 입자간격을 20mm로 변경해주세요.

✓ 확인   ✕ 취소

[18] 재봉선 수정

• 재봉선을 좌클릭으로 선택한 후, 우클릭하면 나타나는 팝업 메뉴에서 기능을 선택한다.

[재봉선 수정]의 우클릭 팝업 메뉴

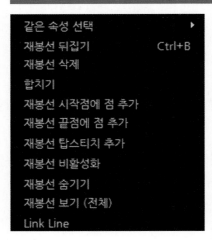

같은 속성 선택	선택한 재봉선과 동일한 속성의 재봉선을 모두 선택
재봉선 뒤집기	재봉선의 너치 방향을 바꿈
재봉선 삭제	재봉선을 삭제
합치기	선택한 재봉선으로 연결된 패턴들을 하나로 합침
재봉선 시작점에 점 추가	재봉선의 시작점에 점을 추가
재봉선 끝점에 점 추가	재봉선의 끝 지점에 점을 추가
재봉선 탑스티치 추가	재봉선에 탑스티치를 생성
재봉선 비활성화	재봉선이 재봉되지 않도록 비활성화 (비활성화된 재봉선은 흰색으로 표시됨)
재봉선 숨기기	재봉선을 보이지 않도록 숨김
재봉선 보기 (전체)	숨긴 재봉선을 다시 보이게 함
Link Lines	선택한 재봉선들을 링크 설정하여 함께 동시에 수정 가능

(19) 선분 재봉

※ 선분 재봉 시 너치 방향이 서로 같도록 주의하여 클릭.

① 선분 재봉 ▪

- 첫 번째 선분 ①을 좌클릭한 후, 두 번째 선분 ②에 마우스 오버하면 재봉선이 미리보기로 나타나며 좌클릭해 연결한다.
- 1개의 선분과 여러 개의 선분을 재봉할 경우, [1:N 선분 재봉]으로 연결한다. [1:N 선분 재봉]은 먼저 1개의 선분 ③을 좌클릭한 후, Shift키를 누른 상태로 여러 개의 선분 ④, ⑤, ⑥을 차례대로 좌클릭하여 연결한다.

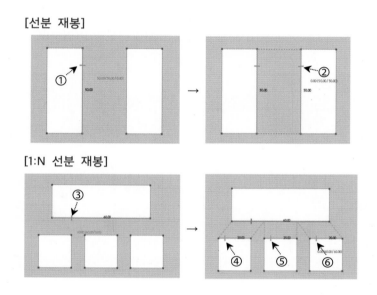

② M:N 선분 재봉 ▪

- 다수(M개)의 선분과 다수(N개)의 선분을 서로 재봉한다.
- M개(①, ②)의 선분을 Shift키를 누른 상태로 좌클릭하여 모두 선택한 뒤에 Enter키를 눌러 M 재봉선을 생성한 후, 다시 N개(③, ④, ⑤)의 선분을 Shift키를 누른 상태로 좌클릭하여 모두 선택한 뒤에 Enter키를 눌러 N 재봉선을 생성해 연결한다.

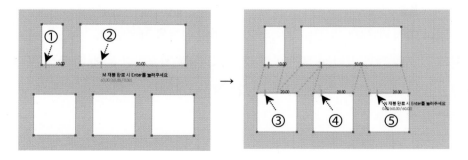

[20] 자유 재봉

※ 자유 재봉 시 먼저 선택한 선분의 길이가 미리 계산되어 나중에 선택할 재봉선 위에 해당 길이의 위치가 파란
점으로 표시되며 스냅 처리됨.

① 자유 재봉

- 점에 상관없이 자유롭게 재봉선 설정이 가능하다.
- 첫 번째 재봉선의 시작점 ①과 끝나는 점 ②를 차례대로 좌클릭한 후, 두 번째 재봉선의 시작점 ③과
끝나는 점 ④를 차례대로 좌클릭하여 연결한다.
- 점에 상관없이 1개 선분과 여러 개의 선분을 재봉할 경우, [1:N 자유 재봉]으로 연결한다. [1:N 자유 재
봉]은 먼저 1개 선분의 시작점 ⑤와 끝나는 점 ⑥을 좌클릭한 후, Shift키를 누른 상태로 N개 선분의 각
시작점과 끝나는 점으로 ⑦과 ⑧, ⑨와 ⑩을 차례대로 좌클릭하여 연결한다.

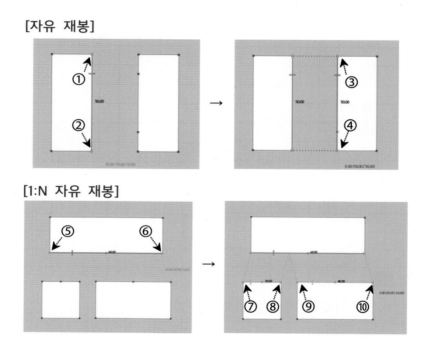

② M:N 자유 재봉

- 점에 상관없이 여러 개(M개)의 선분과 여러 개(N개)의 선분을 재봉한다.
- M개 선분의 각 시작점과 끝나는 점인 ①과 ②, ③과 ④를 좌클릭한 뒤에 Enter키를 눌러 M 재봉선을
생성한 후, 다시 N개 선분의 각 시작점과 끝나는 점인 ⑤와 ⑥, ⑦과 ⑧을 좌클릭한 뒤에 Enter키를 눌
러 N 재봉선을 생성한다.

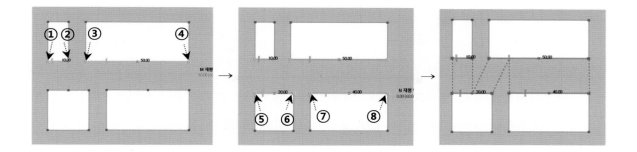

[21] 재봉선 길이 검사 📷

- [재봉선 길이 검사] 팝업창에 [길이 차이] 또는 [비율 차이] 값을 설정하면, 그 이상 차이 나는 재봉선은 빨간색 선으로 표시된다.

[22] 스팀 🎛

- 패턴이 [메시 보기 상태]로 변경되며, [스팀 브러시] 팝업창에서 [수축률], 브러시의 [크기]와 [밀도]를 설정한 후, 원하는 위치에 좌클릭+드래그하여 스팀 효과를 추가한다.

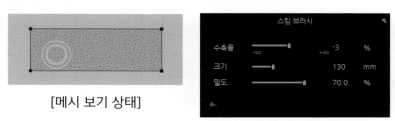

[메시 보기 상태]

[23] 심지 테이프 📷

- 패턴의 선분을 좌클릭하면 심지 테이프가 부착되어 늘어나지 않도록 고정된다.
- [속성창]에서 [심지 테이프]의 [너비], 심지 종류인 [사전설정값] 설정이 가능하다.
- 심지 테이프가 부착된 부분은 [2D창]과 [3D창]에서 옅은 오렌지색으로 표시되며, [3D창]에서 [보기툴]의 [본딩/스카이빙 보기] 🖐를 해제해 숨길 수 있다.

심지 테이프 부착 상태

[24] 텍스처 수정 (2D)

- 툴 선택 시 텍스처가 흐려지면서 마우스 오버하는 위치에 내부 기즈모가 나타나 좌클릭한 위치에 활성화되며, 우측 상단에도 외부 기즈모가 나타난다.
- 내부 기즈모를 좌클릭+드래그하여 텍스처 위치를 이동, 회전하며 배치를 수정한다.
- 외부 기즈모를 좌클릭+드래그하여 축소, 확대, 회전하며 모양을 수정한다.
- ＊ 텍스처의 삭제는 [물체창]에서 텍스처가 삽입된 물체를 선택한 뒤에 [속성창]의 [재질] 중 [기본]의 [텍스처]에서 [삭제] 를 좌클릭.

툴 선택	기즈모 활성화	내부 기즈모 사용	외부 기즈모 사용

[25] 그래픽 변환

- 삭제는 좌클릭으로 그래픽을 선택한 후, Delete키를 누른다.
- 좌클릭하여 선택한 그래픽의 노란색 박스를 좌클릭+드래그하여 배치를 수정한다.
- 좌클릭하여 선택한 그래픽의 기즈모를 좌클릭+드래그하여 축소, 확대, 회전하며 모양을 수정한다.

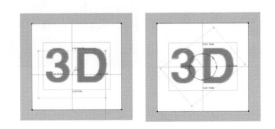

[26] 그래픽 (2D 패턴)

- 패턴에 프린트나 자수 등의 그래픽을 삽입한다.
- 툴 선택 시 [파일 열기] 창이 열려 삽입할 그래픽을 선택하면, 패턴 위에 가이드 라인이 표시되어 삽입할 위치를 좌클릭한 후, [그래픽 추가] 팝업창에서 그래픽의 [크기]와 [배치] 위치 지정이 가능하다.

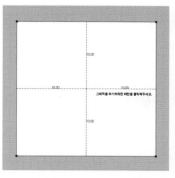

가이드 라인이 표시되면
삽입할 위치를 좌클릭

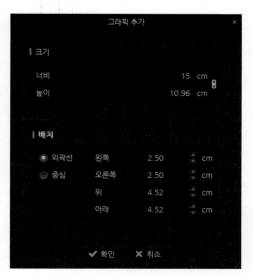

[27] 탑스티치 수정

- 삭제는 좌클릭으로 탑스티치가 생성된 선분을 선택한 후, Delete키를 누른다.
- 위치 수정은 탑스티치를 좌클릭+드래그하여 이동한다.
- 생성 범위의 수정은 탑스티치의 시작점이나 끝점을 좌클릭+드래그한다.
- 탑스티치를 좌클릭으로 선택한 후, [속성창]에서 [연장], [모서리], [간격] 설정이 가능하다.

탑스티치 범위 수정

탑스티치 길이 축소   탑스티치 길이 연장

탑스티치 생성 선분의 [속성창]

속성창	
이름	Topstitch_301
탑스티치 속성	Default To
▼ 연장	
시작	☑ On
끝	☑ On
▼ 모서리	
곡면으로	◼ Off
직각	◼ Off
부드러운 경계	◼ Off
▼ 간격	
Z축 거리 (mm)	0.13

[연장] 설정

· [시작], [끝]의 [On]을 선택해 탑스티치의 시작과 끝을
패턴 외곽선에 맞춤.

[연장]
On

[연장]
Off

[모서리] 설정

· [곡면으로]의 체크박스를 선택해 탑스티치의 각진 모서리를
곡선으로 수정 가능.

[곡면으로]
On

[곡면으로]
Off

[28] 선분 탑스티치

① 선분 탑스티치

- 선분을 좌클릭하여 탑스티치를 생성한다.
- [물체창]의 [탑스티치] 목록에서 생성된 탑스티치를 클릭한 뒤에 [속성창]에서 [종류], [간격], [탑스티치 개수], [규격], [재질]을 설정한다.

[물체창]의 [탑스티치] 선택한 후 [속성창]

※ 여러 줄의 탑스티치를 생성할 경우
- [탑스티치 개수]에서 최대 5개까지 생성 가능.
- 탑스티치 사이의 간격은 [규격]에서 설정.

※ 여러 종류의 탑스티치를 생성할 경우
- [물체창]의 [탑스티치]에서 새로운 탑스티치를 [추가] ➕, 기존을 [복사] 🖼 또는 [삭제] 🖼 가능.
- 각 탑스티치의 이름을 입력창에서 변경 가능.

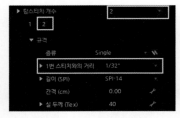

탑스티치가 1/32" 간격의 2줄인 경우   [물체창]의 [탑스티치]

※ 탑스티치 모양을 변경할 경우
- [속성창]의 [규격] 중 [종류]에서 선택 가능.

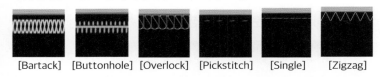

[Bartack]   [Buttonhole]   [Overlock]   [Pickstitch]   [Single]   [Zigzag]

※ 탑스티치가 생성되는 면을 설정할 경우
- [구성]의 [면의 방향]에서 [겉면], [양면], [속면] 중 선택 가능하며, [속면]을 선택하면 원단의 뒷면에 탑스티치가 생성되어 [3D창]에서 확인 가능.

② 자유 탑스티치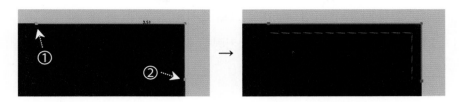

- 점에 상관없이 자유롭게 탑스티치를 생성한다.
- 시작할 위치 ①을 좌클릭 후, 마우스를 이동하여 끝나는 위치 ②를 좌클릭한다.

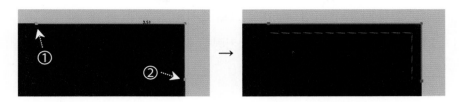

③ 재봉선 탑스티치

- 재봉선으로 연결된 선분에 탑스티치를 생성한다.
- 시작할 위치 ①을 좌클릭한 후 마우스를 이동하여 끝나는 위치 ②를 좌클릭하면, 재봉선으로 연결된 반대쪽 선분에도 탑스티치가 생성된다.

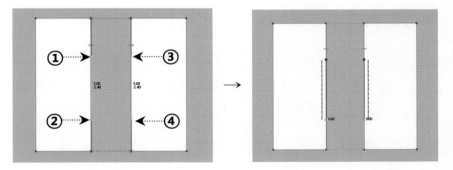

[29] 퍼커링 수정

- 삭제는 좌클릭으로 퍼커링이 생성된 선분을 선택한 후, Delete키를 누른다.
- 위치 수정은 퍼커링을 좌클릭+드래그한다.
- 범위 수정은 퍼커링이 생성된 선분의 끝점을 좌클릭+드래그한다.
- 퍼커링을 좌클릭으로 선택한 후, [속성창]에서 [연장]과 [간격] 설정이 가능하며, [탑스티치 수정] 의 속성창과 동일한 방식으로 설정한다.

퍼커링 생성 선분의 [속성창]

[30] 선분 퍼커링

① 선분 퍼커링

- 퍼커링을 생성할 선분을 좌클릭한다.
- 퍼커링이 생성된 선분은 2D 패턴에 보라색 선으로 표시된다.
- [물체창]의 [퍼커링] 목록에서 생성된 퍼커링을 클릭한 뒤에 [속성창]에서 [재질]과 [규격]을 설정한다.

퍼커링 생성 선분의 [속성창]

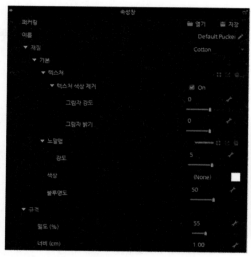

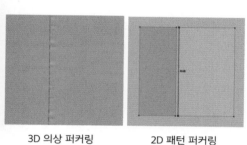

| 3D 의상 퍼커링 | 2D 패턴 퍼커링 |

	[사전설정값]에서 종류 선택		
재질	기본	텍스처	· 텍스터 이미지 삽입으로 무늬, 질감을 표현 · [텍스터 색상 제거]의 [On]을 선택할 경우, [그림자 강도]와 [그림자 밝기] 조정이 가능
		노말맵	· 울룩불룩한 질감을 표현 · [탐색]을 클릭해 이미지 파일을 적용하거나 [삭제]
		색상	스와치를 클릭해 [색상] 팝업창에서 설정
		불투명도	불투명도를 조정
규격	밀도		퍼커링의 조밀한 정도를 설정
	너비		퍼커링의 가로 너비를 설정

② 자유 퍼커링

- 점에 상관없이 자유롭게 퍼커링을 생성 가능하다.
- 시작 위치에 좌클릭한 후, 마우스를 이동하여 끝나는 위치에서 좌클릭한다.

③ 재봉선 퍼커링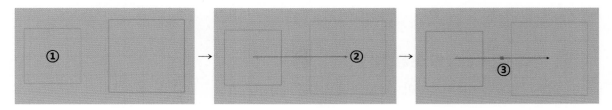

- 재봉선으로 연결된 선분에 퍼커링을 생성한다.
- 퍼커링 시작 위치를 좌클릭한 후 마우스를 이동하여 끝나는 위치를 좌클릭하면, 재봉선으로 연결된 반대쪽 선분에도 퍼커링이 생성된다.

[31] 서브레이어 설정

- 여러 겹이 있는 의상에서 패턴들의 레이어 배치 순서를 설정한다.
- 상위 레이어로 올라갈 패턴 ①을 좌클릭한 후, 하위 레이어가 될 패턴 ②를 좌클릭하면, ③의 화살표가 나타난다.
- 상, 하위 레이어의 위치를 서로 다시 바꿀 경우, 화살표 ③에 있는 ⊕(플러스)를 좌클릭하면, ⊖(마이너스)로 바뀌면서 레이어 배치 순서가 변경된다.

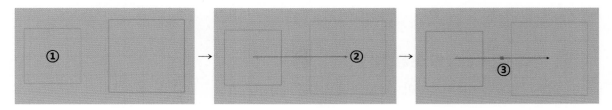

[32] Fill (패딩)

- 패딩 효과를 주기 위해 패턴을 좌클릭으로 선택하여 Fill(패딩)을 설정한다.
- 툴을 선택하고 원하는 패턴에 마우스 오버하여 보라색으로 표시되면, 좌클릭하여 패턴을 복제한 후, 마우스를 움직여서 배치할 위치에 좌클릭하여 고정한다.
- [속성창]의 [Filler]에서 충전재의 종류를 선택하고, [무게]와 [Quilting Distance](퀼팅 간격) 등을 설정한 후 [시뮬레이션] 한다.

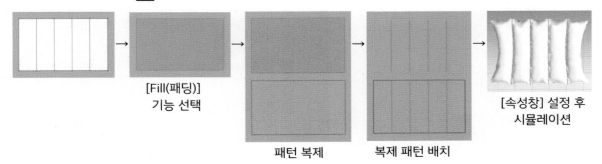

[Fill(패딩)]
기능 선택

패턴 복제

복제 패턴 배치

[속성창] 설정 후
시뮬레이션

[Fill (패딩)]의 [속성창]

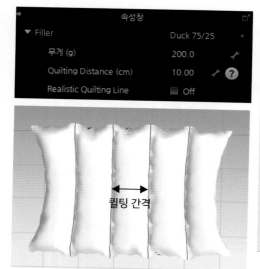

퀼팅 간격

Filler (충전재)	오리털 [Duck 75/25], [Duck 90/10]과 거위털 [Goose 80/20], [Goose 90/10] 중 선택	
	무게	충전재 무게를 조정
	Quilting Distance (퀼팅 간격)	패턴에서 퀼팅 선의 내부선분 간격이며, 간격이 불일정한 경우 가장 넓은 간격을 입력
	Realistic Quilting Line (사실적인 퀼팅 선)	[On] 선택 시 사실적으로 패딩 표현되나, 시뮬레이션 속도 저하

[33] 기타 툴[속성창의 설정 툴]

※ [2D창] 툴에 아이콘이 없으며, [속성창]에서 설정 가능.

① 접기

- [속성창]의 [선택 선분] 항목 중 [접기] 설정으로 다림질 효과를 적용해 라펠 꺾임선, 주름선, 팬츠 접힘선 등을 표현한다.
- 2D 패턴에서 [점/선 수정]▓ 툴로 내부선분을 좌클릭하여 선택한 후, [접기]의 [접힘 강도], [접힘 각도], [각지게 보이기]를 설정한다.

[속성창]의 [접기]

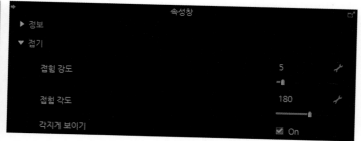

접힘 강도	접히는 강도
접힘 각도	접히는 각도 (편평한 상태는 180°)
각지게 보이기	[On] 체크 시 각지고 날카롭게 접힘

② 고무줄

- [속성창]의 [선택 선분] 항목 중 [고무줄] 설정으로 고무줄을 적용한다.
- 2D 패턴에서 [점/선 수정] 툴로 외곽선이나 내부선분을 좌클릭하여 선택한 후, [고무줄]의 [강도], [비율], [선분 길이], [전체 길이]를 설정한다.
- 고무줄 처리된 선분은 2D 패턴에 녹색 선으로 표시된다.

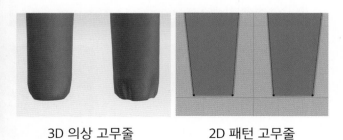

3D 의상 고무줄   2D 패턴 고무줄

강도	고무줄의 강도
비율	선분 길이가 100%일 때 고무줄 길이의 비율 (최대값 200%)
선분 길이	길이 입력해 [비율]을 조절 ※ [비율] 조정에 따라 길이 자동 변경 ※ 여러 선분 선택 시 개별적으로 길이 값을 입력 가능
전체 길이	여러 선분 선택 시 총합의 전체 길이

③ 셔링 표현

- [속성창]의 [선택 선분] 항목 중 [셔링 표현] 설정으로 셔링 영역의 메시 크기를 줄이면서 자연스러운 주름을 표현한다.
- 2D 패턴에서 [점/선 수정] 툴로 외곽선을 좌클릭하여 선택한 뒤 [셔링 표현]에 [On] 체크하고 [조밀도], [높이]를 설정한 후, 시뮬레이션한다.
- 셔링 설정된 선분은 [2D창]에서 핑크색으로 셔링 기호가 표시된다.
- [3D창]의 [보기툴] 중 [텍스처 보기] 를 [메시] 로 설정하고 [아바타 보기] 를 해제하면, 3D 의상이 메시로 표현되어 [조밀도], [높이]의 조정이 용이하다.

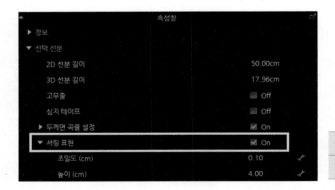

조밀도	메시 간격
높이	주름을 표현할 영역의 세로 높이

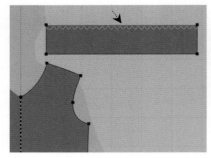

패턴 외곽선 셔링 설정

시뮬레이션

메시 보기

④ 본딩/스카이빙

[본딩]

- [속성창]의 [본딩/스카이빙] 중 [심지 접착/본딩] 설정으로 패턴에 심지를 부착한다.

- [패턴 이동/변환]◢ 툴로 패턴을 좌클릭하여 선택한 뒤에 [심지 접착/본딩]에 [On]을 체크하고 [사전 설정값]의 [드롭다운]▼을 클릭해 심지 종류를 선택한 후, 시뮬레이션한다.

- 심지가 본딩된 패턴은 [2D창]과 [3D창]에서 옅은 오렌지색으로 표시되며, [3D창]에서 [보기툴]의 [본 딩/스카이빙 보기]📖를 해제해 숨길 수 있다.

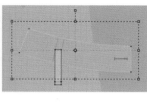

[스카이빙]

• [속성창]의 [본딩/스카이빙] 중 [원단 깎기/스카이빙] 설정으로 원단을 깎아내 얇고 부드럽게 만든다.

• [패턴 이동/변환] 툴로 패턴 또는 내부도형을 좌클릭해 선택한 뒤에 [원단 깎기/스카이빙]에 [On]을 체크하고 [비율]을 설정한 후 시뮬레이션한다.

• 스카이빙 처리된 부분은 [2D창]과 [3D창]에서 회색으로 표시되며, [3D창]에서 [보기툴]의 [본딩/스카이빙 보기] 를 해제해 숨길 수 있다.

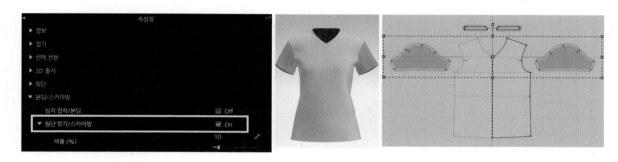

2) 2D창 보기툴

메인툴		서브툴		메인툴		서브툴	
아이콘	명칭	아이콘	명칭	아이콘	명칭	아이콘	명칭
	재봉선 보기		재봉선 보기		겉면 텍스처		단색
			탑스티치 보기				반투명
			퍼커링 보기				투명
	2D 패턴 보기		기초선 보기				메시 보기
			시접 보기				속면 텍스처
			그레이딩 보기				자동 색상
			3D 펜 보기		2D 패턴 잠그기		패턴 외곽선 잠그기
			참조선 보기				내부도형 잠그기
			동시 수정 표시 보기				기초선 잠그기
	2D 정보 보기		패턴 이름 보기				안내선 잠그기
			주석 보기				
			선분 길이 보기				
			식서 보기				
			2D 줄자 보기				
			줄자 보기				
			안내선 보기				

※ 메인툴 아이콘에 마우스 오버하면 서브툴 아이콘들이 나타남.
※ 서브툴 아이콘을 클릭하면 2D창 패턴에 해당 내용을 보여주며, 다시 아이콘을 재클릭하면 패턴에서 숨김.
　(단, [겉면 텍스처] 🗂의 툴들은 아이콘을 재클릭하지 않고 툴 내에서 변경)
※ 보기 설정되면 아이콘이 컬러로 표시되며, 숨김 설정되면 아이콘이 흑백으로 표시됨.

[1] 재봉선 보기 ✎

① 재봉선 보기 🔲

- 2D창 패턴에서 기존에 생성된 재봉선을 보여주거나 숨긴다.

② 탑스티치 보기 🔲

- 2D창 패턴에서 기존에 생성된 탑스티치를 보여주거나 숨긴다.

③ 퍼커링 보기 🔲

- 2D창 패턴에서 기존에 생성된 퍼커링을 보여주거나 숨긴다.

[2] 2D 패턴 보기 👕

① 기초선 보기 🔲

- 2D창 패턴에서 기존에 생성된 기초선을 보여주거나 숨긴다.

② 시접 보기 🔲

- 2D창 패턴에서 기존에 생성된 시접을 보여주거나 숨긴다.

③ 그레이딩 보기 🔲

- 2D창 패턴에서 기존에 생성된 그레이딩을 보여주거나 숨긴다.

④ 3D 펜 보기 🔲

- 2D창 패턴에서 기존에 생성된 3D 펜을 보여주거나 숨긴다.

⑤ 참조선 보기 🔲

- 2D창 패턴에서 기존에 생성된 참조선을 보여주거나 숨긴다.

⑥ 동시 수정 표시 보기 🔲

- 2D창에서 기존에 생성된 동시 수정 패턴을 보여주거나 숨긴다.

[3] 2D 정보 보기 🔍

① 패턴 이름 보기 🔲

- 2D창에서 기존에 생성된 패턴 이름을 보여주거나 숨긴다.

② 주석 보기 ⓐ

  • 2D창에서 기존에 생성된 패턴의 주석을 보여주거나 숨긴다.

③ 선분 길이 보기 ⓤ

  • 2D창 패턴에서 선분 길이를 보여주거나 숨긴다.

④ 식서 보기 ⓘ

  • 2D창 패턴에서 식서를 보여주거나 숨긴다.

⑤ 2D 줄자 보기 ⓘ

  • 2D창 패턴에서 기존에 생성된 2D 줄자를 보여주거나 숨긴다.

⑥ 줄자 보기 ⓣ

  • 2D창 화면에서 가로, 세로로 줄자를 보여주거나 숨긴다.

⑦ 안내선 보기 ⓨ

  • 2D창 패턴에서 기존에 생성된 안내선을 보여주거나 숨긴다.

[4] 겉면 텍스처 ⓐ

① 단색 ⓓ

  • 2D창 패턴에서 원단을 단색의 흑백으로 표현한다.

② 반투명 ⓦ

  • 2D창에서 패턴의 원단을 반투명으로 흐리게 표현한다.

③ 투명 ⓔ

  • 2D창에서 패턴의 원단을 투명하게 표현한다.

④ 메시 보기 ⓦ

  • 2D창에서 패턴의 원단을 메시로 표현한다.

⑤ 속면 텍스처 ⓦ

  • 2D창에서 패턴 속면에 적용된 텍스처, 그래픽, 탑스티치 등을 표현한다.

⑥ 자동 색상 🖼

· 2D창에서 각 패턴에 따라 다른 색상을 자동 적용하여 표현한다.

(5) 2D 패턴 잠그기 🔒

① 패턴 외곽선 잠그기 🔒

· 모든 패턴 외곽선을 잠금 설정으로 비활성화하면 내부선분과 도형 수정 시 용이하다.

· 잠금 설정하면 외곽선이 흐린 회색 선으로 표현된다.

· 2D창 바탕에 우클릭하여 팝업 메뉴에서 [모든 패턴 외곽선 잠그기] 또는 [모든 패턴 외곽선 잠금 해제] 선택이 가능하다.

· 일부 선택한 패턴의 외곽선만 잠금 설정할 경우, [패턴 이동/변환]◣ 툴을 선택하여 해당 패턴에서 우클릭한 후, 팝업 메뉴에서 [고정]을 클릭한다.

· 외곽선 중 일부 선택한 선분만 잠금 설정할 경우, [점/선 수정]◪ 툴을 선택하여 해당 선분에서 우클릭한 후, 팝업 메뉴에서 [고정]을 클릭한다.

② 내부도형 잠그기 🔒

· 모든 내부선분과 도형을 잠금 설정으로 비활성화하면 외곽선 수정 시 용이하다.

· 잠금 설정하면 내부선분과 도형이 흐린 회색 선으로 표현된다.

· 2D창 바탕에 우클릭하여 팝업 메뉴에서 [모든 내부도형 잠그기] 또는 [모든 내부도형 잠금 해제] 선택이 가능하다.

· 일부 선택한 내부도형 또는 선분만 잠금 설정할 경우, [패턴 이동/변환]◣ 툴 또는 [점/선 수정]◪ 툴을 선택하여 해당 내부도형 또는 선분에서 우클릭한 후, 팝업 메뉴에서 [고정]을 클릭한다.

③ 기초선 잠그기 🔒

· 모든 기초선을 잠금 설정으로 비활성화하여 패턴 수정 시 선택되지 않게 한다.

· 잠금 설정하면 기초선이 점선으로 표현된다.

④ 안내선 잠그기 🔒

· 모든 안내선을 잠금 설정으로 비활성화하여 패턴 수정 시 선택되지 않게 한다.

· 잠금 설정하여도 안내선이 변화 없이 그대로 표현된다.

5 3D창 툴 기능
3D window tool function

1) 3D창 툴

아이콘		명칭
메인툴	서브툴	
		빠른 속도 (GPU)
		보통 속도 (기본) Space Bar
		피팅 (정확한 원단 물성)
		선택/이동 Q
		핀칭
		메시 선택 (브러시)
		메시 선택 (박스)
		메시 선택 (올가미)
		핀 (박스)
		핀 (올가미)
		스타일선 수정
		스타일선 스케일
		스타일선 이동
		스타일선 추가
		재봉선 수정

		선분 재봉
		M:N 선분 재봉
		자유 재봉
		M:N 자유 재봉
		자동 재봉
		시침 수정
		시침
		아바타에 시침
		접어 배치
		Fold 3D Garment (All Patterns)
		2D 패턴창 상태로 재배치
		시뮬레이션 전 상태로 재배치
		Auto 3D Arrangement
		아바타에 맞춰 재착장
		의상 완성도 높이기
		의상 완성도 낮추기
		사용자 완성도

	줄자 수정 (아바타)
	줄자에 붙이기 (아바타)
	둘레 줄자 (아바타)
	표면 둘레 줄자 (아바타)
	길이 줄자 (아바타)
	표면 길이 줄자 (아바타)
	직선 줄자 (아바타)
	높이 줄자 (아바타)
	줄자 수정
	직선 줄자 (의상)
	둘레 줄자 (아바타)

	모션 재생
	3D 펜 수정 (의상)
	3D 펜 (의상)
	3D 기초펜
	3D 펜 수정 (아바타)
	3D 펜 (아바타)
	플래트닝
	텍스처 수정 (3D)
	그래픽 변환
	그래픽 (3D 패턴)
	단추/단춧구멍 수정
	단추
	단춧구멍
	단추 잠그기
	Edit Zipper
	지퍼
	파이핑 수정
	파이핑
	바인딩 수정
	바인딩
	프레스

 ※ 메인툴 아이콘의 우측 하단 삼각형을 1~2초 좌클릭으로 누르면, 서브 툴 아이콘들이 나타나 선택 가능.

 ※ 좌측 상단에 화살표가 있는 아이콘은 수정 툴을 의미.

[1] 시뮬레이션

① 빠른 속도 (GPU) ⬇

  · 한 겹의 의상을 빠른 속도로 시뮬레이션한다.

② 보통 속도 (기본) ⬇

  · 여러 겹의 의상을 효율적으로 시뮬레이션한다.

  · [속성창]의 [시뮬레이션 속성]에서 [입자 간격], [레이어], [수축률], [개별 두께], [압력] 설정이 가능하다.

③ 피팅 (정확한 원단 물성) ⬇

  · 원단 물성을 반영하여 시뮬레이션한다.

[속성창]의 [시뮬레이션 속성]

입자 간격	· 값을 낮추면 높은 퀄리티로 표현되나, 시뮬레이션 속도가 저하됨 · 작업 중 기본값(20mm)으로 빠르게 시뮬레이션하고, 완성 상태에서 값을 낮춰 시뮬레이션
레이어	· 여러 겹의 의상에서 패턴의 상, 하위 배치 순서를 설정 · 값이 작을수록 아래 배치되어 안쪽에 착장한 하위 레이어가 됨 · 레이어 설정하여 드레이핑 후, 안정적인 시뮬레이션을 위해 모든 레이어 값을 0으로 변경
수축률-위사 수축률-경사	· 패턴에 변화 없이 위사, 경사 방향으로 수축을 부여 (기본값 100)
개별 두께 -충돌	· 의상들 사이의 거리를 설정 · 값을 낮춰 밀착된 의상을 제작하거나, 값을 높여 패딩 등을 표현
개별 두께 -렌더링	· [3D창]에 보이는 원단 두께를 설정 · [3D창]의 [보기툴]에서 [두꺼운 텍스처]로 설정해 렌더링 두께를 확인
압력	· Fill(패딩) 표현에서 [압력] 값을 높이면 원단 겉면이 부풀고, 0 이하로 값을 낮추면 뒷면이 부풀어 오름

(2) 선택/이동

① 선택/이동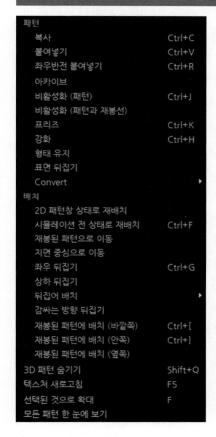

- 패턴을 좌클릭+드래그하여 [3D창]에서의 위치를 이동한다.
- 패턴을 우클릭하면 팝업 메뉴가 나타나 [패턴] 및 [배치]에 관련된 다양한 편집 기능들을 적용할 수 있다.

3D창에서 패턴의 우클릭 팝업 메뉴

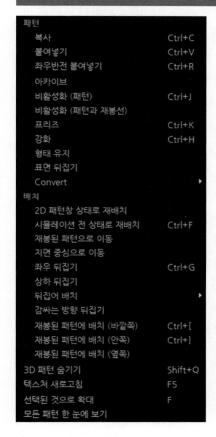

패턴	복사	패턴을 복사
	붙여넣기	복사한 패턴을 붙여넣기
	좌우반전 붙여넣기	복사한 패턴을 좌우반전해 붙여넣기
	아카이브	사용되지 않는 패턴을 아카이브하면, 3D창에서 사라지고 2D창에서는 투명한 점선으로 표시됨
	비활성화 (패턴)*	패턴을 비활성화
	비활성화 (패턴과 재봉선)*	패턴과 재봉선을 비활성화
	프리즈*	패턴을 물체처럼 고정시켜 시뮬레이션 과정에서 충돌 처리되며 형태가 유지
	강화*	시뮬레이션 과정에서 패턴 물성을 뻣뻣하게 만들어 플리츠나 턱을 깨끗하게 접거나 뭉친 패턴을 펴줌
	형태 유지*	패턴 단위로 드레이핑 상태를 유지
	표면 뒤집기	원단의 표면을 뒤집어 뒷면이 겉으로 나오게 함
	Convert	[to Trim]은 패턴이 부자재로 변환되어 2D창에서 해당 패턴이 사라지게 되고, [to Avatar Accessory]를 선택하면 [Register Accessory] 팝업창에서 패턴을 액세서리(헤어,신발,안경,귀걸이) 파일로 등록해 저장 가능

※ *표시된 기능은 [2D창]의 [패턴 이동/변화]◢툴의 우클릭 팝업
메뉴 설명을 참고(p.21-22)

[Register Accessory] 팝업창

- [Convert]에서 [to Avatar Accessory] 선택 시 오픈되는 팝업창

배치	2D 패턴창 상태로 재배치	선택한 패턴을 2D창 패턴과 동일한 위치로 펼쳐서 다시 배치 ※ 3D창 툴의 [2D 패턴창 상태로 재배치] 아이콘을 클릭해 간편하게 적용 가능
	시뮬레이션 전 상태로 재배치	패턴을 시뮬레이션 전 상태로 다시 배치 (배치포인트로 시뮬레이션했을 경우, 패턴이 배치포인트로 재배치됨)
	재봉된 패턴으로 이동	선택한 패턴이 이미 드레이핑된 다른 패턴에 재봉 설정된 경우, 선택한 패턴을 재봉된 패턴의 근처로 배치
배치	지면 중심으로 이동	선택한 패턴을 3D창의 지면 중앙 위치로 배치
	좌우 뒤집기	3D창에서 패턴의 좌우를 뒤집음
	상하 뒤집기	3D창에서 패턴의 상하를 뒤집음
	뒤집어 배치	3D창에서 패턴의 겉면과 속면을 [좌우] 또는 [상하]로 뒤집어 배치
	감싸는 방향 뒤집기	긴 형태의 패턴이 아바타를 감싸도록 배치된 경우, 감싸는 방향을 뒤집음
	재봉된 패턴에 배치(바깥쪽)	선택한 패턴이 이미 드레이핑된 다른 패턴에 재봉된 경우, 선택한 패턴을 재봉된 패턴의 바깥 면에 배치
	재봉된 패턴에 배치(안쪽)	선택한 패턴이 이미 드레이핑된 다른 패턴에 재봉된 경우, 선택한 패턴을 재봉된 패턴의 안쪽 면에 배치

원단의 겉면/속면과 [표면 뒤집기]

원단의 겉면과 속면

- 원단 색상을 지정하지 않은 경우, 겉면은 밝은 회색, 속면은 어두운 회색으로 표시됨

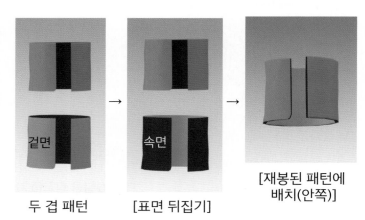

두 겹 패턴 → [표면 뒤집기] → [재봉된 패턴에 배치(안쪽)]

- 안쪽에 재봉될 배색 원단의 겉면이 보이도록 [표면 뒤집기]를 적용
* [표면 뒤집기] 적용 시 재봉 방향 설정에 주의

[재봉된 패턴에 배치]

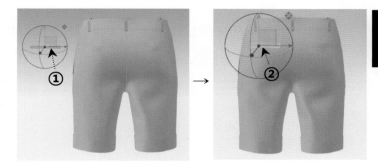

재봉된 패턴에 배치 (바깥쪽)	Ctrl+[
재봉된 패턴에 배치 (안쪽)	Ctrl+]
재봉된 패턴에 배치 (옆쪽)	

• 패턴 ①을 우클릭하여 [재봉된 패턴에 배치]를 선택 시, 재봉되어 있는 드레이핑된 패턴 ②에 배치됨.

[재봉된 패턴에 배치 (바깥쪽)]

재봉된 패턴에 배치 (바깥쪽)	선택한 패턴을 재봉된 패턴의 바깥쪽에 배치
재봉된 패턴에 배치 (안쪽)	선택한 패턴을 재봉된 패턴의 안쪽에 배치
재봉된 패턴에 배치 (옆쪽)	선택한 패턴을 재봉된 패턴의 옆쪽에 배치

[감싸는 방향 뒤집기]

패턴을 좌클릭으로 선택한 후, [속성창]의 [배치] 중 [간격] 값을 줄여 아바타에 밀착

패턴을 우클릭하여 팝업 메뉴에서 [감싸는 방향 뒤집기] 클릭

간격	47

② 핀칭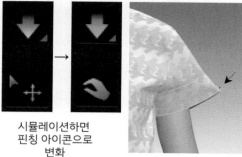

※ 시뮬레이션 툴이 켜진 상태에서 [선택/이동]██툴은 [핀칭]██툴로 자동 변환됨.

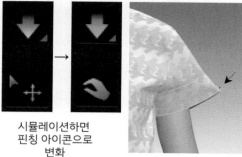

시뮬레이션하면
핀칭 아이콘으로
변화

[핀칭]의 의상
드레이핑 효과

• [핀칭] 툴은 좌클릭+드래그로 의상 일부분을 잡고 움직이며 드레이핑 효과를 낸다.

[3] 메시 선택

• 3D 의상과 2D 패턴이 메시 구조로 표현되어 영역을 선택하거나 핀 생성이 가능하다.

① 메시 선택 (브러시)

• 좌클릭+드래그하여 브러시로 메시 영역을 선택한다.
• [브러시] 팝업창에서 [강도], [크기], [중심] 조정이 가능하다.

② 메시 선택 (박스)

• 좌클릭+드래그하여 사각 형태로 메시 영역을 선택한다.

③ 메시 선택 (올가미)

• 좌클릭+드래그하여 올가미 기능으로 메시 영역을 선택한다.

④ 핀 (박스)

• 좌클릭+드래그하여 사각 형태로 선택한 메시 영역에 핀을 생성한다.

⑤ 핀 (올가미)

• 좌클릭+드래그하여 올가미 기능으로 선택한 메시 영역에 핀을 생성한다.

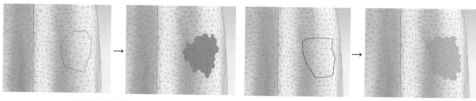

[메시 선택 (올가미)]   [핀 (올가미)]

(4) 스타일선 수정

① 스타일선 수정

- 툴을 선택한 후 마우스 오버하면 의상이 하늘색으로 표시되며, 좌클릭으로 선택하면 해당 의상이 흰색으로 변하면서 검은색 스타일선들이 나타난다. 좌클릭+드래그로 스타일선을 선택해 이동하면 하늘색으로 표시되며, 마우스를 떼면 3D 의상과 2D 패턴에 반영된다.
- 삭제는 좌클릭으로 스타일선을 선택한 후, Delete키를 누른다.
- 스타일선의 점/선분을 좌클릭+드래그하여 위치 및 모양을 수정한다.

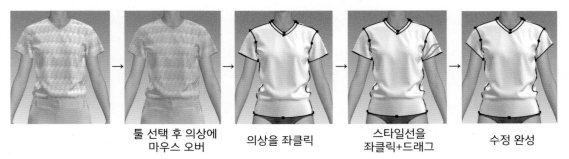

| 툴 선택 후 의상에 마우스 오버 | 의상을 좌클릭 | 스타일선을 좌클릭+드래그 | 수정 완성 |

② 스타일선 스케일

- 좌클릭+드래그로 선분 길이를 수정한다.

③ 스타일선 이동

- 좌클릭+드래그로 선분 위치를 수정한다.

④ 스타일선 추가

- 좌클릭으로 점을 찍어가며 선분을 추가한다.

[스타일선 스케일] [스타일선 이동] [스타일선 추가]

(5) 재봉선 수정

- [2D창]의 [재봉선 수정]과 동일하다.
- 재봉선을 좌클릭으로 선택한 후, 우클릭하면 나타나는 팝업 메뉴에서 기능을 선택한다.

[재봉선 수정]의 우클릭 팝업 메뉴

삭제	Del
합치기	
재봉선 뒤집기	Ctrl+B
재봉선 삭제	
재봉선 비활성화	
재봉선 숨기기	
재봉선 보기 (전체)	

삭제	재봉선 삭제
합치기	재봉선으로 연결된 패턴들을 하나로 합침
재봉선 뒤집기	재봉선의 너치 방향을 바꿈
재봉선 삭제	재봉선 삭제
재봉선 비활성화	재봉되지 않도록 비활성화
재봉선 숨기기	편의상 보이지 않도록 재봉선을 숨김
재봉선 보기 (전체)	모든 숨긴 재봉선을 다시 보이게 함

(6) 선분 재봉

① 선분 재봉

- [2D창]의 [선분 재봉]과 동일하다.
- 좌클릭으로 선분들을 선택하여 재봉으로 연결한다.

② M:N 선분 재봉

- [2D창]의 [M:N 선분 재봉]과 동일하다.
- M개의 선분을 Shift키를 누른 상태로 좌클릭하여 모두 선택한 뒤에 Enter키를 눌러 M 재봉선을 생성한 후, 다시 N개의 선분을 Shift키를 누른 상태로 좌클릭하여 모두 선택한 뒤에 Enter키를 눌러 N 재봉선을 생성하여 연결한다.

(7) 자유 재봉

① 자유 재봉

- [2D창]의 [자유 재봉]과 동일하다.
- 첫 번째 재봉선의 시작점을 좌클릭, 끝나는 점은 더블 클릭한 후, 두 번째 재봉선의 시작점을 좌클릭, 끝나는 점을 더블 클릭하여 연결한다.

② M:N 자유 재봉

- [2D창]의 [M:N 자유 재봉]과 동일하다.
- M개 선분의 각 시작점에서 좌클릭, 끝나는 점에서 더블 클릭한 뒤에 Enter키를 눌러 M 재봉선을 생성한 후, 다시 같은 너치 방향으로 N개 선분의 각 시작점에서 좌클릭, 끝나는 점에서 더블 클릭한 뒤에 Enter키를 눌러 N 재봉선을 생성하여 연결한다.

[8] 자동 재봉

- 아바타에 패턴이 배치된 정보에 따라 자동으로 재봉선을 설정한다.
- 아바타의 배치포인트에 각 패턴을 배치하고 [자동 재봉]  툴을 클릭한 후, 팝업창에서 [의상 유형], [앞 여밈 유형], [칼라 솔기선 위치]를 설정하면, 재봉선이 자동으로 설정되어 시뮬레이션했을 때 의상이 봉제된다.

[자동 재봉] 팝업창

팝업창 설정

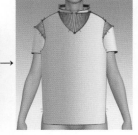

자동으로 재봉선 형성

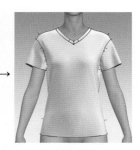

시뮬레이션

의상 유형	[상의], [바지], [치마] 중 선택
앞 여밈 유형	[있음], [일부 있음], [없음] 중 선택 ※ [일부 있음]은 박스 블라우스에 네크 단추 등이 있는 경우
칼라 솔기선 위치	[자동], [앞중심], [뒤쪽 옆] 중 선택

[9] 시침 수정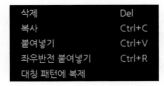

- 툴을 선택하면 3D 의상이 반투명으로 변경된다.
- 삭제는 좌클릭으로 시침을 선택한 후, Delete키를 누른다.
- 위치 및 간격 수정은 시침을 좌클릭+드래그한다.
- 시침을 우클릭하면 팝업 메뉴가 나타나 [삭제], [복사], [붙여넣기], [좌우반전 붙여넣기], [대칭 패턴에 복제] 선택이 가능하다.

(10) 시침

① 시침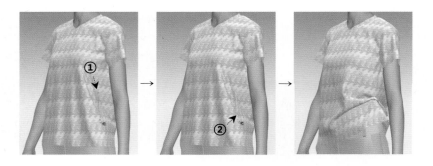

- 시침할 첫 번째 위치 ①을 좌클릭하면 점이 생성되어 마우스 이동 시 연결 점선이 표시되며, 두 번째 위치 ②에 좌클릭하면 또 다른 점이 생성되어 첫 번째 점과의 연결 점선이 노란색 실선으로 표시된다. [시뮬레이션]하면 두 지점이 서로 임시로 고정된다.

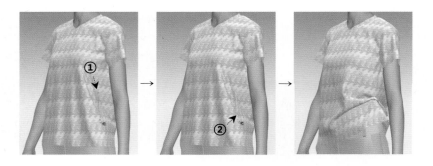

② 아바타에 시침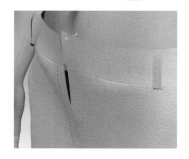

- 의상에 시침할 위치를 좌클릭한 뒤에 의상이 반투명으로 변경되면 아바타에 고정할 위치를 좌클릭하여 시침으로 연결한다.
- 시뮬레이션하면 아바타의 시침 지점에 의상이 임시로 고정된다.

(11) 접어 배치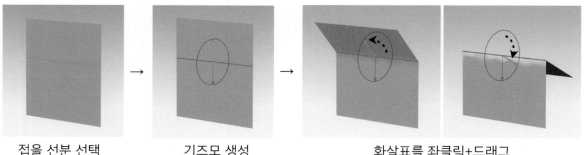

- 라펠, 칼라, 커프스 등의 패턴을 배치할 때, 접는 효과를 주면 안정적인 시뮬레이션이 가능하다.
- 접을 선분을 좌클릭으로 선택하면 기즈모가 나타나, 원하는 방향으로 화살표를 좌클릭+드래그한다.

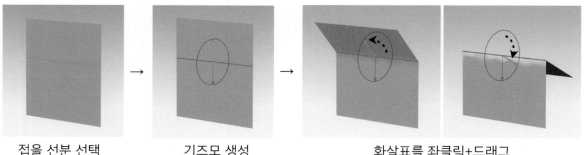

| 접을 선분 선택 | 기즈모 생성 | 화살표를 좌클릭+드래그 |

(12) Fold 3D Garement (All Patterns) 3D 의상 접기 (모든 패턴)

[Fold 3D Garement 3D 의상 접기] 팝업창

• 아바타를 우클릭하여 팝업 메뉴에서 [아바타 삭제]한 뒤 의상을 좌클릭으로 선택한 후 [Fold 3D Garment (3D 의상 접기)] 툴을 선택하면, 팝업창이 나타나며, 아이콘의 순서대로 세부 기능을 실행한다.

[Fold 3D Garment 3D 의상 접기] 팝업창의 아이콘

	Rotate X-Axis X축으로 회전	아이콘 클릭하면, 의상을 X축으로 90도씩 회전
	좌우 뒤집기	아이콘 클릭하면, 의상을 상, 하로 뒤집음
	Optimize-Res Garment 의상 속성 최적화	아이콘 클릭해 [Optimize-Res Garment 의상 속성 최적화] 팝업창이 나타나면, [Particle Distance 입자 간격]과 [Add'l Thickness-Collision 충돌 두께]를 기본값으로 적용해 [OK]를 클릭한 후, 시뮬레이션 ※ 효율적으로 접기 위해 의상을 납작하게 만듦
	Set Physical Property For Spreading 펼치기용 물성 적용	아이콘 클릭 후 시뮬레이션 ※ 의상의 주름을 펴는 효과
	Set Physical Property For Folding 접기용 물성 적용	아이콘 클릭 후 시뮬레이션 ※ 주름을 편 의상의 볼륨을 줄여 편평하게 만드는 효과
	접기	접을 기준선의 시작점을 좌클릭, 끝나는 점을 더블 클릭하면, 기준선과 기즈모가 나타나 방향축을 좌클릭+드래그하여 의상을 접음 ※ 모두 접게 되면, 다시 [좌우 뒤집기]한 후 시뮬레이션
	Fold (Selected) 접기 (선택 패턴)	소매 등의 일부 패턴만 선택해 접기 가능

[Optimize-Res Garment] 의상 속성 최적화 팝업창

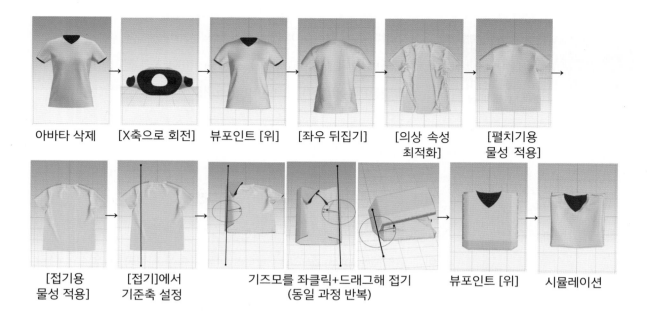

| 아바타 삭제 | [X축으로 회전] | 뷰포인트 [위] | [좌우 뒤집기] | [의상 속성 최적화] | [펼치기용 물성 적용] |

| [접기용 물성 적용] | [접기]에서 기준축 설정 | 기즈모를 좌클릭+드래그해 접기 (동일 과정 반복) | 뷰포인트 [위] | 시뮬레이션 |

[13] 2D 패턴창 상태로 재배치

- 2D창의 패턴 배치와 동일하게 3D창에 패턴을 다시 배치한다.

[14] 시뮬레이션 전 상태로 재배치

- 3D창의 의상 패턴을 시뮬레이션하기 이전 상태로 다시 배치한다.
- 시뮬레이션이 정상적으로 드레이핑되지 않은 경우, 패턴을 재배치한 후 다시 시뮬레이션한다.

[15] Auto 3D Arrangement

- 3D 자동 배치 기능이며, [3D창]의 패턴들이 모양이나 대칭 및 재봉 정보에 따라 자동으로 다시 배치된다.

[16] 아바타에 맞춰 재착장

- 아바타 사이즈에 맞춰 패턴이 자동으로 드레이핑되면서 다시 착장된다.

[17] 의상 완성도 높이기

① 의상 완성도 높이기

- 높은 퀄리티로 사실적인 의상 표현을 위해 의상 완성도를 높인다.
- [의상 완성도 높이기] 팝업창에서 세부 사항 설정한 후 시뮬레이션한다.

[의상 완성도 높이기] 팝업창

의상	입자 간격	설정 범위 내에 있는 패턴에만 툴을 적용 (기본값 5mm)
	개별 두께 -충돌	설정 범위 내에 있는 패턴에만 툴을 적용 (기본값 1mm)
아바타		아바타의 시뮬레이션 퀄리티를 설정 (기본값 0mm)
시뮬레이션		[피팅 (정확한 물성)]은 사실적인 표현으로, [보통 속도 (기본)]는 낮은 퀄리티로 시뮬레이션

② 의상 완성도 낮추기

- 빠른 수정을 위해 의상 완성도를 낮춰 시뮬레이션 설정한다.
- [의상 완성도 낮추기] 팝업창 구성은 [의상 완성도 높이기]와 동일하다.

③ 사용자 완성도

- 사용자가 설정해 저장한 완성도를 적용한다.
- [사용자 완성도] 팝업창에서 [사용자 완성도 추가]를 클릭하면 현재 의상 및 아바타의 완성도가 저장된다.

[18] 줄자 수정 (아바타)

① 줄자 수정 (아바타)

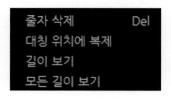

- 삭제는 좌클릭으로 줄자(아바타)를 선택한 후, Delete키를 누른다.
- 줄자(아바타)를 우클릭하면 팝업 메뉴가 나타나 삭제, 복제, 길이 확인이 가능하다.

② 줄자에 붙이기 (아바타)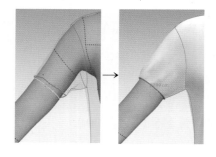

- 의상의 선분과 아바타의 줄자를 좌클릭으로 각각 선택하면, 선분이 줄자에 붙으면서 의상과 아바타의 길이를 비교할 수 있다.
- 의상의 선분을 좌클릭하면 선택한 선분이 붉은색으로 표시되는 동시에 의상은 반투명으로 나타나며, 아바타의 줄자를 좌클릭한 후 시뮬레이션하면, 선택한 선분이 선택한 줄자에 붙는다.

[19] 길이 줄자 (아바타)

① 둘레 줄자 (아바타)
- 아바타에 구간을 지정하여 둘레를 측정한다.
- 아바타에 좌클릭으로 점을 찍어가다 끝나는 점은 더블 클릭하여 측정 구간을 지정한다.

② 표면 둘레 줄자 (아바타)
- 아바타의 표면 굴곡을 반영해 둘레를 측정한다.
- 측정 구간의 지정 방법은 ①과 동일하다.

③ 길이 줄자 (아바타)
- 아바타에 구간을 지정해 길이를 측정한다.
- 측정 구간의 지정 방법은 ①과 동일하다.

④ 표면 길이 줄자 (아바타)
- 아바타의 표면 굴곡을 반영해 길이를 측정한다.
- 측정 구간의 지정 방법은 ①과 동일하다.

⑤ 직선 줄자 (아바타)
- 아바타의 굴곡과 상관없이 직선 길이를 측정한다.
- 측정 구간의 지정 방법은 ①과 동일하다.

⑥ 높이 줄자 (아바타)
- 좌클릭으로 아바타에 위치를 지정하면, 바닥에서부터의 높이를 측정한다.

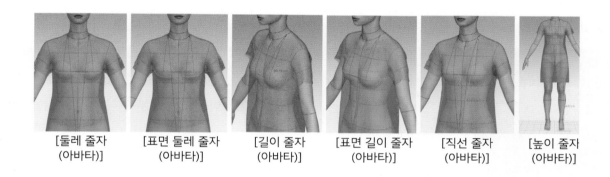

| [둘레 줄자
(아바타)] | [표면 둘레 줄자
(아바타)] | [길이 줄자
(아바타)] | [표면 길이 줄자
(아바타)] | [직선 줄자
(아바타)] | [높이 줄자
(아바타)] |

[20] 줄자 수정 [의상]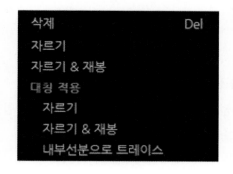

- 삭제는 좌클릭으로 줄자(의상)를 선택한 후, Delete키를 누른다.
- 줄자(의상)를 우클릭하면 팝업 메뉴가 나타나 [삭제], [자르기], [자르기 & 재봉]과 [대칭 적용]하여 [자르기], [자르기 & 재봉], [내부선분으로 트레이스]가 가능하다.
- 줄자(의상)를 더블 클릭하면 기즈모가 나타나 위치 및 각도 변경이 가능하다.

[21] 직선 줄자 [의상]

① 직선 줄자 (의상)

- 의상의 직선 시작점과 끝나는 점을 좌클릭하면 노란색 선으로 구간이 표시되면서 길이를 측정한다.

② 둘레 줄자 (의상)

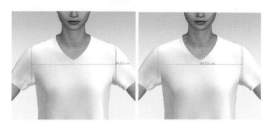

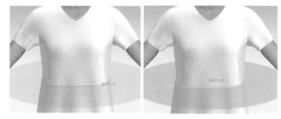

| [직선 줄자 (의상)] | [둘레 줄자 (의상)] |

- 마우스 오버하는 지점의 의상 둘레가 연두색의 미리보기로 나타나며, 원하는 위치에서 좌클릭하면 노란색 선으로 구간이 표시되면서 둘레를 측정한다.

[22] 모션 재생

- 포즈(*.pos) 또는 모션(*.mtn) 파일을 재생하여 아바타 움직임과 함께 의상을 확인한다.

[23] 3D 펜 수정 [의상]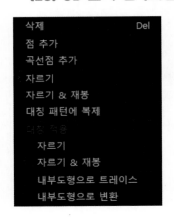

삭제   Del
점 추가
곡선점 추가
자르기
자르기 & 재봉
대칭 패턴에 복제
대칭 적용
　자르기
　자르기 & 재봉
　내부도형으로 트레이스
　내부도형으로 변환

- 삭제는 좌클릭으로 3D 펜으로 의상에 생성한 점/선분을 선택한 후, Delete키를 누른다.
- 선분의 위치 수정은 좌클릭+드래그로 이동하고, 선분 길이 수정은 점을 좌클릭+드래그한다.
- 선분을 우클릭하면 팝업 메뉴가 나타나 [삭제], [점 추가], [자르기 & 재봉], [복제] 등으로 의상 수정이 가능하다.

[24] 3D 펜 [의상]

- 3D창에서 의상 위에 선분 또는 도형을 생성한다.
- 좌클릭으로 점을 생성해가며 끝나는 점은 더블 클릭으로 마무리하고, 다각형은 시작점을 다 좌클릭하여 마무리한다.

* Ctrl키를 누른 상태에서 좌클릭하면, 자유 곡선점으로 변경되어 곡선을 생성.

* Shift키를 누른 상태에서 좌클릭하면, 수직, 수평, 45도 선상의 가이드 라인이 나타남.

* Ctrl+Z키를 누르면 진행 중이던 작업이 모두 취소됨.

* Delete키를 누르면 마지막 점부터 차례대로 작업을 취소 가능.

[25] 3D 기초펜

- 의상 표면이 아니라 3D창에 보이는 화면을 기준으로 자유롭게 선을 그려 의상에 기초선을 삽입한다.
- 툴 선택 시, 3D 의상이 흰색으로 변경되고 기존에 생성된 기초선이 표시되면, 좌클릭+드래그로 기초선을 그려 삽입한다.

* Ctrl+Z키를 누르면 진행 중이던 작업이 취소됨.

[26] 3D 펜 수정 [아바타]

삭제   Del
점 추가
곡선점 추가
직선으로 플래트닝

- 삭제는 좌클릭으로 아바타 위에 3D 펜으로 생성한 점/선분을 선택한 후, Delete키를 누른다.
- 선분 위치 및 길이 수정은 점을 좌클릭+드래그한다.
- 선분을 우클릭하면 팝업 메뉴가 나타나 [삭제], [점 추가], [곡선점 추가], [직선으로 플래트닝]으로 수정 가능하다.

(27) 3D 펜 (아바타)

① 3D 펜 (아바타)

- 3D 아바타 위에 선을 그려 ①과 같이 선분 또는 도형을 생성한다.
- 좌클릭으로 점을 생성해가며 끝나는 점을 더블 클릭으로 마무리하고, 다각형은 시작점을 다시 좌클릭하여 마무리한다.

② 플래트닝

- 3D 아바타에 그려진 도형을 선택해 패턴으로 생성한다.
- ①의 도형 위에 마우스 오버하면 하늘색으로 미리보기가 표시되고 좌클릭으로 선택하면 ②와 같이 노란색으로 변경된다. Shift키를 누른 상태로 모든 도형을 좌클릭으로 선택한 후, Enter키를 누르면 3D창과 2D창에 패턴으로 생성된다.

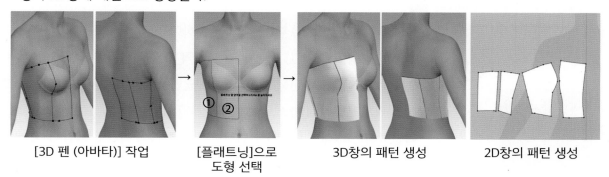

| [3D 펜 (아바타)] 작업 | [플래트닝]으로 도형 선택 | 3D창의 패턴 생성 | 2D창의 패턴 생성 |

(28) 텍스처 수정 (3D)

- [2D창]의 [텍스처 수정 (2D)] 과 동일하다.
- 의상에 삽입된 텍스처를 좌클릭하면 의상 내부, 외부에 기즈모가 활성화되어 기즈모를 좌클릭+드래그하여 텍스처의 배치나 크기를 수정한다.

| 툴 선택 | 텍스처 축소 및 회전 | 텍스처 확대 및 회전 |

[29] 그래픽 변환

- [2D창]의 [그래픽 변환]과 동일하다.
- 그래픽을 좌클릭하여 기즈모가 나타나면 방향점을 좌클릭+드래그하여 그래픽 크기 및 형태를 수정하거나, 원형 회전축을 좌클릭+드래그하여 그래픽을 회전해 배치한다.

그래픽 선택   그래픽 크기 변경   그래픽 회전

[30] 그래픽 [3D 패턴]

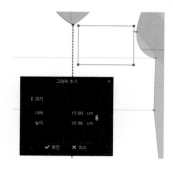

- [2D창]의 [그래픽 (2D 패턴)]과 유사하다.
- 툴 선택 시 [파일 열기] 창이 열려 그래픽 파일을 선택한 후 [3D창]에서 삽입할 위치를 좌클릭하면, [그래픽 추가] 팝업창이 열리면서 2D 패턴에 그래픽 삽입 위치가 빨간색 박스로 표시된다.
- 팝업창에서 그래픽 [크기]를 입력하거나, 빨간색 박스를 좌클릭+드래그하여 그래픽 크기 및 위치를 조정한다.

[31] 단추/단춧구멍 수정

- 삭제는 좌클릭으로 단추/단춧구멍을 선택한 후, Delete키를 누른다.
- 위치 이동은 단추/단춧구멍을 좌클릭하면 나타나는 기즈모를 좌클릭+드래그한다.
- 좌클릭+드래그하는 도중에 우클릭하여 [이동 거리] 팝업창에서 정확한 위치를 입력하여 이동 가능하다.
- 단추/단춧구멍을 우클릭하면 팝업 메뉴가 나타나 [새로고침], [복사], [붙여넣기], [삭제], [단추/단춧구멍으로 변환], [비활성화], [프리즈], [함께 뚫을 패턴의 수 설정], [반대편으로] 등을 적용 가능하다.
- * 여러 개의 단추/단춧구멍을 동시에 선택할 경우, Shift키를 누른 상태로 좌클릭하거나, 좌클릭+드래그하여 영역 내에 단추/단춧구멍을 모두 선택 가능.
- * 동일한 단추/단춧구멍 생성은 좌클릭으로 선택해 Ctrl+C로 복사 후, Ctrl+V를 누른 뒤에 원하는 위치에 좌클릭. Ctrl+V를 누른 후 좌클릭하지 않고 우클릭하면, [붙여넣기] 팝업창이 나타나 정확한 간격, 개수, 배치 위치 등을 지정 가능.

단추 기즈모

우클릭 팝업 메뉴

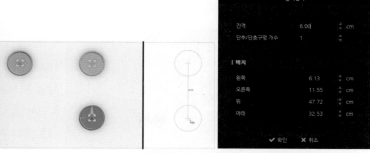
Ctrl+V 후 우클릭에 나타나는 [붙여넣기] 팝업창

[32] 단추

① 단추

- 3D 의상에 단추 생성 위치를 좌클릭하거나, 2D 패턴에 마우스 오버하여 가이드 라인이 나타나면서 현재 위치 값이 미리보기로 표시되면, 좌클릭하여 위치를 지정한다.
- 마우스 오버한 상태에서 우클릭하면 [이동 거리] 팝업창이 나타나 정확한 위치를 입력 가능하다.
- 단추가 생성되면 [단추/단춧구멍 수정] 툴로 단추를 선택한 후, [속성창]에서 [회전 각도]와 단추 고정용 실의 높이인 [Thread Length] 설정이 가능하다.
- 단추와 단추 고정용 실의 종류 및 재질은 [물체창]에서 [단추]를 선택한 후, [속성창]에서 세부적으로 설정 가능하다.

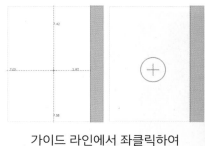
가이드 라인에서 좌클릭하여
위치 지정

[이동 거리] 팝업창에서 위치 조정

[속성창]의 [Thread Length] 조정

단추 [속성창]

정보	이름	이름을 지정
	Item No.	아이템 넘버를 지정
	작업 지시서 (CLO-SET)	[포함] 선택 시 [카테고리]를 [단추] 또는 [부자재] 중 선택
종류	· [드롭다운] ▼을 클릭하여 단추 이미지들이 나타나면, 원하는 이미지를 클릭하여 선택 · [추가] ➕를 클릭하여 [단추 등록] 팝업창에서 새로운 단추를 추가 가능 · [CLO-SET CONNECT] 🔳를 클릭하면 CLO-SET에서 다양한 단추 종류들을 선택 가능	
	실 종류	단추 고정용 실 모양을 [Cross], [Parallel], [Square] 중 선택
	규격	단추의 [너비], [두께], [무게] 값을 입력
재질	[단추], [실]을 각각 선택해 세부 항목들을 설정	
	종류	단추, 실의 재질 종류를 선택
	기본	단추, 실의 [텍스처], [색상], [불투명도] 등을 설정
	반사	메탈 재질일 경우, [반사] 정도를 설정

※ [재질]의 세부 항목은 [원단]의 [속성창] 설명을 참고(p.6)

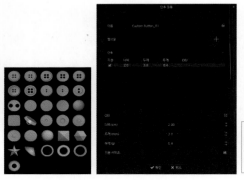

단추 [종류] 이미지　　　[단추 등록] 팝업창　　　[실 종류] 이미지

② 단춧구멍 ▬

- 3D 의상 또는 2D 패턴에 좌클릭하여 위치를 지정하거나, [2D창]에서 우클릭하여 [이동 거리] 팝업창에서 정확한 위치를 입력한다.
- 단춧구멍이 생성되면 [단추/단춧구멍 수정] 🔳 툴로 단춧구멍을 선택한 후, [속성창]에서 [회전 각도]

와 [잠김 위치]를 설정한다.

- 단춧구멍 [너비]를 포함한 [종류] 및 [재질]은 [물체창]에서 단춧구멍 ━━▬ 을 클릭한 후, [속성창]에서 세부적으로 설정 가능하다.

* [잠김 위치]는 단추가 단춧구멍에 채워졌을 때 걸려 있는 위치를 의미.

단춧구멍 [회전 각도]와 [잠김 위치] 설정

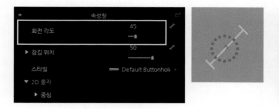

[회전 각도](기본값 0)를 45도로 조정

[회전 각도]를 180, [잠김 위치](기본값 50)를 20으로 조정

단춧구멍 [속성창]

정보	[이름], [Item No.], [작업 지시서 (CLO-SET)]는 단추 [속성창]과 동일하다.
종류	· [드롭다운] ▼ 을 클릭하여 단춧구멍 이미지들이 나타나면, 원하는 이미지를 클릭하여 선택 · [추가] ➕ 를 클릭하여 [단춧구멍 등록] 팝업창에서 새로운 단춧구멍을 추가 가능
	너비 단춧구멍 너비를 입력
재질	단추와 같이 [종류], [기본], [반사]를 설정

※ [재질]의 세부 항목은 [원단]의 [속성창] 설명을 참고(p.6)

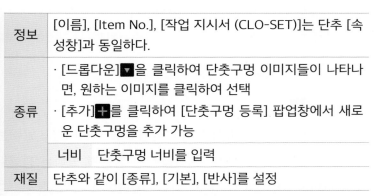

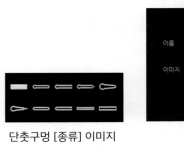

단춧구멍 [종류] 이미지

[단춧구멍 등록] 팝업창

[33] 단추 잠그기 🔒

- [2D창] 또는 [3D창]에서 단추, 단춧구멍을 차례대로 좌클릭한다.
- 잠긴 상태가 되면 [3D창]에서 단추/단춧구멍에 자물쇠 표시가 나타난다.
- 다시 단추를 풀 때도 [단추 잠그기] 툴을 사용해 단추 또는 단춧구멍을 좌클릭한다.
- 여러 개의 단추를 동시에 잠그거나 풀 경우, [2D창]에서 좌클릭+드래그로 단추를 모두 선택해 좌클릭 후, 단춧구멍을 좌클릭+드래그로 모두 선택해 좌클릭한다.

| 단추 잠그기 | 잠긴 상태 (3D창) | 여러 개를 동시에 잠그기 |

[34] Edit Zipper 🔧

- 삭제는 좌클릭으로 지퍼를 선택한 후, Delete키를 누른다.
- 지퍼 생성 범위의 수정은 시작점 또는 끝점을 좌클릭+드래그한다.
- 지퍼를 좌클릭으로 선택 후, 지퍼날 [속성창]에서 규격이나 재질 등을 변경 가능하다.

[35] 지퍼 🔧

- [3D창] 또는 [2D창]에서 지퍼 시작점 ①을 좌클릭하고 끝나는 점 ②를 더블 클릭해 한쪽 지퍼날을 생성한 후, 반대쪽 지퍼날도 시작점 ③은 좌클릭, 끝나는 점 ④는 더블 클릭하면 완성된 지퍼의 지퍼날, 슬라이더, 스토퍼가 표현된다. 이후 시뮬레이션하면 지퍼가 잠근 상태로 표현된다. (p.87 위쪽 그림 참고)
- 지퍼날을 [선택/이동]🔧 툴로 좌클릭해 [속성창]에서 [정보], [규격], [접기], [재질], [물성]을 설정한다.
- 슬라이더 또는 스토퍼를 [선택/이동]🔧 툴로 좌클릭해 [속성창]에서 [정보], [종류], [규격], [잠그기], [재질]을 설정한다.
- 슬라이더를 [선택/이동]🔧 툴로 좌클릭+드래그해 이동하면 지퍼가 열린 상태가 된다.
- 지퍼, 슬라이더를 [선택/이동]🔧 툴로 우클릭하면, 팝업 메뉴가 나타나 [삭제], [뒤집기], [비활성화], [프리즈], [보기/숨기기] 등 선택이 가능하다.
- * 지퍼 생성 중 Esc키 또는 Ctrl+Z키를 누르면 전체 취소됨.
- * 지퍼 생성 중 Delete키 또는 Backspace키를 누르면 마지막 클릭한 점이 실행 취소됨.

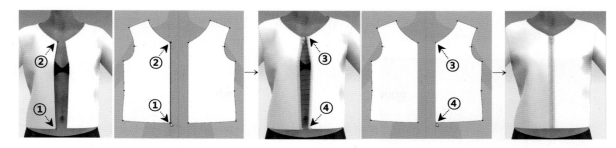

지퍼 생성 과정

지퍼날 [속성창]

정보	단추 [속성창]과 동일한 방식으로 [이름], [Item No.], [작업 지시서 (CLO-SET)]를 설정 가능	
규격	선분 길이	지퍼날의 길이를 확인
	크기	[드롭다운]▼을 클릭해 지퍼날의 호수(#)를 선택하거나, [사용자 설정]을 선택해 [Teeth Width](이빨 너비), [Total Width](전체 너비)를 설정 가능
	두께	지퍼날 두께를 조정
	입자 간격	지퍼날 입자 간격을 조정
	잠그기	지퍼를 잠글 경우 [On]을 체크
접기	강도	지퍼와 패턴 사이 재봉선의 접힘 강도를 설정
	회전 각도	지퍼와 패턴 사이 재봉선의 접힘 각도를 설정
재질	[Teeth](지퍼 이빨), [Tape](지퍼 시접)를 선택해 각 세부항목을 설정	
	종류	지퍼 이빨과 테이프의 [종류]를 선택
	기본	지퍼 이빨과 테이프의 [텍스처], [색상] 등을 설정
	반사	메탈 재질일 경우, [반사] 정도를 설정
물성	[사전설정값]에서 선택하거나 [세부속성]에서 조정	

※ [재질]의 세부 항목은 [원단]의 [속성창] 설명을 참고(p.6)

슬라이더, 풀러, 스토퍼 [속성창]

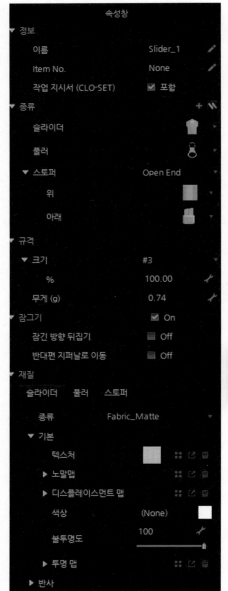

정보	단추 [속성창]과 동일한 방식으로 [이름], [Item No.], [작업 지시서 (CLO-SET)]를 설정 가능
종류	· [슬라이더], [풀러], [스토퍼]의 각 드롭다운▼을 클릭하여 원하는 이미지를 선택 · [추가]➕를 클릭하여 [OBJ 등록] 팝업창에서 새로운 슬라이더, 풀러, 스토퍼를 추가 가능 · [CLO-SET CONNECT]▨를 클릭하면 CLO-SET에서 다양한 슬라이더, 풀러, 스토퍼를 선택 가능
규격	[크기]에서 슬라이더 호수(#)를 선택하고, [무게] 지정이 가능
잠그기	· [잠그기]를 [On], [Off]하여 지퍼를 열거나 닫음 · [잠긴 방향 뒤집기]를 [On]하면 잠긴 방향을 반대로 변경 · [반대편 지퍼날로 이동]을 [On]하면 슬라이더와 풀러를 반대편 지퍼날로 이동
재질	슬라이더, 풀러, 스토퍼의 종류, 텍스처, 색상, 반사 등을 설정

※ [재질]의 세부 항목은 [원단]의 [속성창] 설명을 참고(p.6)

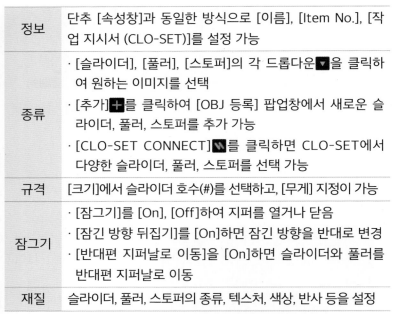

슬라이더 종류

풀러 종류

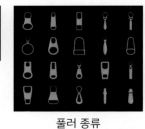

위 스토퍼 종류

아래 스토퍼 종류

슬라이더의 우클릭 팝업 메뉴

삭제	지퍼를 삭제
표면 뒤집기	지퍼날의 표면을 뒤집음
비활성화	지퍼를 비활성화 / 활성화
슬라이더 배치 초기화	슬라이더의 배치를 초기화시킴
Flip (Selected)	선택한 슬라이더나 풀러를 좌우로 뒤집음
보기/숨기기	슬라이더나 스토퍼를 숨기거나 다시 보이게 함

팝업 메뉴:
삭제
표면 뒤집기
비활성화   Ctrl+J
슬라이더 배치 초기화
Flip (Selected)
보기/숨기기 ▶

(36) 파이핑 수정 ▨

- 삭제는 좌클릭으로 파이핑을 선택한 후, Delete키를 누른다.
- 길이 변경은 파이핑 시작점을 좌클릭+드래그한다.
- 3D 의상에서 변경하는 위치를 2D 패턴에서 노란색 점으로 확인 가능하다.
- 좌클릭으로 선택한 후 우클릭하면 팝업 메뉴가 나타나 [삭제], [파이핑 새로고침], [비활성화], [프리즈], [사각 메시], [삼각 메시], [숨기기], [보기] 등 선택이 가능하다.

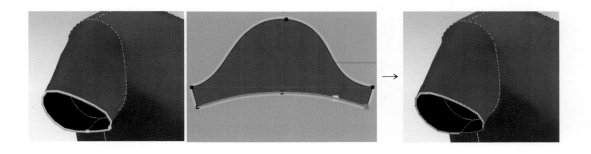

파이핑 우클릭 팝업 메뉴

팝업 메뉴:
삭제
파이핑 새로고침
비활성화   Ctrl+J
프리즈   Ctrl+K
사각 메시
삼각 메시
숨기기
■ 모든 파이핑 보기

삭제	파이핑을 삭제
파이핑 새로고침	파이핑을 시뮬레이션 전 상태로 다시 드레이핑
비활성화	파이핑을 비활성화 / 활성화
프리즈	파이핑을 프리즈 / 프리즈 해제
사각 메시	파이핑의 메시 형태를 사각형으로 변환
삼각 메시	파이핑의 메시 형태를 삼각형으로 변환
숨기기	파이핑을 숨김
모든 파이핑 보기	숨긴 파이핑을 모두 보여줌

[37] 파이핑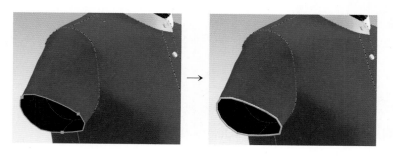

- 툴을 선택한 후 3D 의상의 선분이 점선으로 표시되면, 파이핑을 생성할 시작점을 좌클릭하고 끝나는 점은 더블 클릭한다.
- 점선이 겹치는 부분에서 파이핑 생성 경로가 이탈되는 경우, 좌클릭으로 점을 찍어가며 경로를 지정하고 끝나는 점은 더블 클릭한다.
- [속성창]에서 파이핑 너비, 원단 등을 변경 가능하다.

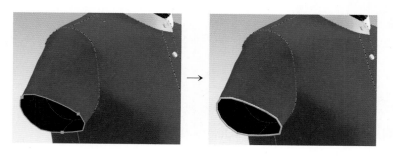

파이핑 [속성창]

정보	이름	입력창에서 지정 가능
	Item No.	입력창에서 지정 가능
	선분 길이	파이핑 길이를 확인
치수	너비	수치 입력해 파이핑 너비를 변경
	입자 간격	수치 입력해 입자 간격을 조정
Finishing	시작	[On]으로 체크하면 시작 부분 마감이 서서히 없어지는 모양으로 변경
	끝	[On]으로 체크하면 끝 부분 마감이 서서히 없어지는 모양으로 변경
원단		드롭다운▼을 클릭해 원단을 선택
숨기기		[On]으로 체크하면 파이핑을 숨김

[38] 바인딩 수정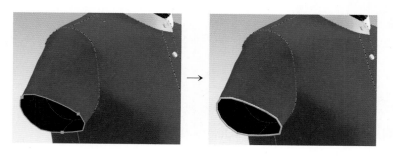

- 삭제는 좌클릭으로 바인딩을 선택한 후, Delete키를 누른다.
- 길이는 바인딩 시작점을 좌클릭+드래그하여 변경한다.
- 3D 의상에서 변경하는 위치를 2D 패턴에서 노란색 점으로 확인 가능하다.
- 좌클릭으로 선택한 후 우클릭하면 팝업 메뉴가 나타나 [삭제], [배치 초기화], [비활성화], [프리즈], [표면 뒤집기] 선택이 가능하다. (p.91 위쪽 그림과 표 참고)

[바인딩 수정]의 우클릭 팝업 메뉴

삭제	삭제	바인딩을 삭제
배치 초기화	배치 초기화	바인딩을 시뮬레이션 전 상태로 재배치
비활성화 Ctrl+J	비활성화	바인딩을 비활성화 / 활성화
프리즈 Ctrl+K	프리즈	바인딩을 프리즈 / 프리즈 해제
표면 뒤집기	표면 뒤집기	바인딩 표면을 반대로 뒤집음

(39) 바인딩

- [파이핑] 생성 방법과 동일하다.
- 바인딩을 생성할 시작점을 좌클릭하고 끝나는 점을 더블 클릭한다.
- 점선이 겹치는 부분에서 생성 경로가 이탈되는 경우, 좌클릭으로 점을 찍어가며 경로를 지정하고 끝나는 점은 더블 클릭한다.
- [속성창]에서 바인딩의 [종류], [치수], [원단], [탑스티치], [재봉선 유형], [연장]을 설정한다.

바인딩 [속성창]

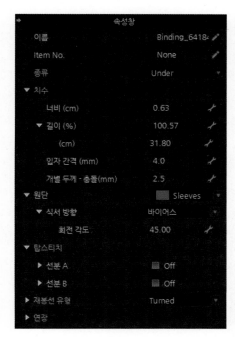

이름		입력창에서 지정 가능
Item No.		입력창에서 지정 가능
종류		· [Under]: 패턴 안쪽에 바인딩 생성 · [Over]: 패턴 겉쪽에 바인딩 생성 · [양면]: 패턴 양쪽에 바인딩 생성
치수	너비	수치 입력해 너비 변경
	길이	수치를 입력하거나 백분율로 조정
	입자 간격	수치 입력해 입자 간격 변경
	개별 두께-충돌	개별 두께 값을 조정
원단		[식서 방향]을 선택 또는 [회전 각도]를 직접 입력 가능
탑스티치		바인딩의 양쪽 선분을 각각 선택해 탑스티치 생성 가능
재봉선 유형		[드롭다운]을 클릭해 [Turned]를 선택하면 납작하게 재봉되고, [Custom Angle]을 선택하면 [접힘 강도], [접힘 각도]를 설정 가능
연장		생성된 바인딩의 시작 또는 끝을 연장 가능

[40] 프레스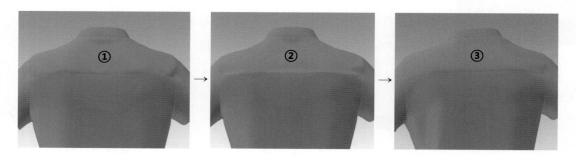

- 두 겹으로 재봉된 선분이 불룩해질 경우, 편평하게 다림질 효과를 부여한다.
- 위에 포개진 패턴 ①을 좌클릭하면 투명하게 변하면서 아래 겹쳐진 ②의 패턴이 옅은 하늘색으로 표시되며, 이 아래 패턴을 좌클릭하여 처음 좌클릭한 위의 패턴이 다시 나타나면 ③과 같이 시뮬레이션한다.

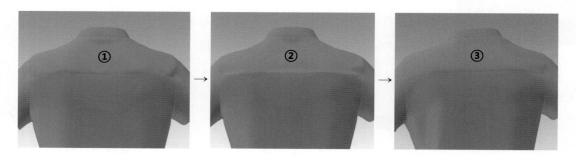

2) 3D창 보기툴

메인툴	
아이콘	명칭
	고품질 렌더 (3D창)
	도식화 렌더

메인툴		서브툴	
아이콘	명칭	아이콘	명칭
	3D 의상 보기		의상 보기
			아카이브 된 패턴 보기
			솔기선 보기
			내부도형 보기
			기초선 보기
			3D 펜 보기 (의상)
			재봉선 보기
			핀 보기
			의상 줄자 보기
			2D 줄자 보기
	3D 부자재 보기		단추 보기
			파이핑 보기
			본딩/스카이빙 보기
			퍼커링 보기
			부자재 보기
	아바타 보기		아바타 보기
			배치포인트 보기
			배치판 보기
			X-Ray 관절점 보기
			아바타 줄자 보기
			3D 펜 보기 (아바타)
	텍스처		두꺼운 텍스처
			단색
			반투명
			메시
			두꺼운 텍스처 (속면)
			자동 색상
	의상 핏 맵		응력 분포
			변형률 분포
			피팅 오류 검사
			접촉점 보기
	텍스처		단색
			메시
	3D 환경 보기		조명 보기 (3D)
			조명 보기 (렌더)
			바람 컨트롤러 보기
			3D 그림자 보기
			지면 그리드 보기
			그리드 보기

> ※ 메인툴 아이콘에 마우스 오버하면 서브툴 아이콘들이 나타남.
> ※ 서브툴 아이콘을 클릭하면 3D창에 해당 내용을 보여주며, 다시 아이콘을 재클릭하면 패턴에서 숨김.
>   (단, [겉면 텍스처] 와 [텍스처] 툴은 아이콘을 재클릭하지 않고 툴 내에서 변경)
> ※ 보기 설정되면 아이콘이 컬러로 표시되며, 숨김 설정되면 아이콘이 흑백으로 표시됨.

(1) 고품질 렌더 (3D창)

· 3D창에 보이는 의상과 아바타를 고품질 렌더한다.

(2) 도식화 렌더

· 3D창에서 의상을 도식화 형식으로 렌더한다.
· 툴 선택시 [도식화 렌더] 팝업창이 나타나 세부 설정이 가능하다.

[도식화 렌더] 팝업창

선 두께	· [실루엣선], [솔기선], [내부선분], [탑스티치선]이 표현된 선의 두께를 조정 · [보기]를 클릭해 선을 표시하거나 숨김
선 색상	컬러 스와치를 클릭해 [색상] 팝업창에서 선의 색상을 설정
의상	의상을 [텍스처] 또는 [색상]으로 표현
밝기	의상의 밝기를 조정

(3) 3D 의상 보기

① 의상 보기

· 3D창에서 의상을 보여주거나 숨긴다.

② 아카이브 된 패턴 보기

· 3D창에서 아카이브 된 패턴을 보여준다.

③ 솔기선 보기

· 3D창에서 솔기선을 보여주거나 숨긴다.

④ 내부도형 보기

· 3D창에서 내부도형을 보여주거나 숨긴다.

⑤ 기초선 보기

· 3D창에서 기초선을 보여주거나 숨긴다.

⑥ 3D 펜 보기 (의상) 🖋
  · 3D창에서 3D 펜 (의상)을 보여주거나 숨긴다.

⑦ 재봉선 보기 📖
  · 3D창에서 재봉선을 보여주거나 숨긴다.

⑧ 핀 보기 📌
  · 3D창에서 시침을 보여주거나 숨긴다.

⑨ 의상 줄자 보기 🎀
  · 3D창에서 생성한 의상 줄자를 보여주거나 숨긴다.

⑩ 2D 줄자 보기 📏
  · 3D창에서 2D창에서 생성한 줄자를 보여주거나 숨긴다.

(4) 3D 부자재 보기 🧵

① 단추 보기 🔘
  · 3D창에서 단추와 단춧구멍을 보여주거나 숨긴다.

② 파이핑 보기 📑
  · 3D창에서 파이핑을 보여주거나 숨긴다.

③ 본딩/스카이빙 보기 🧷
  · 3D창에서 본딩/스카이빙을 보여주거나 숨긴다.

④ 퍼커링 보기 🎐
  · 3D창에서 퍼커링을 보여주거나 숨긴다.

⑤ 부자재 보기 📎
  · 3D창에서 부자재를 보여주거나 숨긴다.

(5) 아바타 보기 👤

① 아바타 보기 👤

- 3D창에서 아바타를 보여주거나 숨긴다.

② 배치포인트 보기 🧍

- 3D창의 아바타에 파란색 점으로 표시되는 배치포인트를 보여주거나 숨긴다.
- 배치포인트는 아바타를 감싸는 배치판을 기반으로 생성되며, 배치포인트에 패턴을 배치해 미리보기로 패턴 형태를 확인하고 원활한 드레이핑을 돕는다.
- 배치한 패턴의 위치 조정은 좌클릭으로 패턴을 선택해 기즈모를 활용하거나, [속성창]의 [배치]에서 설정 가능하다.

  * 동시 수정으로 설정된 패턴 선택 시, 배치 미리보기가 좌우 대칭으로 나타남.

  * 커프스, 허리 밴드 등의 배치에서 여밈이 포개지는 방향 수정은 [선택/이동] 툴의 우클릭 팝업 메뉴에서 [감싸는 방향 뒤집기]의 설명을 참고(p.69).

[배치포인트 보기]를 활용한 패턴 배치

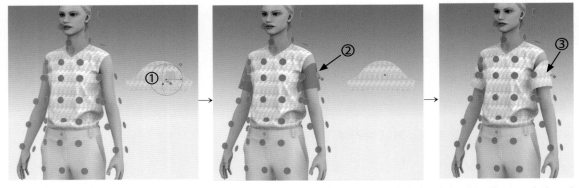

패턴 ①을 좌클릭으로 선택한 뒤에 배치할 배치포인트 ②에 마우스 오버하면, 옅은 검은색으로 미리보기가 나타나며, ③과 같이 해당 위치를 좌클릭하여 배치.

[속성창]의 [배치]

이름	선택 패턴이 배치된 배치포인트를 확인
종류	[곡면으로]와 [평면으로] 중 선택 가능
X축 위치	배치판 기준 가로 방향으로 패턴 이동
Y축 위치	배치판 기준 세로 방향으로 패턴 이동
간격	아바타를 감싸는 배치판과 선택 패턴 사이의 간격 및 곡률을 조정
방향	배치판 기준으로 패턴 방향을 회전

③ 배치판 보기 🕺

　• 3D창에서 배치판을 보여주거나 숨긴다.

④ X-Ray 관절점 보기 🚶

　• 3D창에서 X-Ray 관절점을 보여주거나 숨긴다.

⑤ 아바타 줄자 보기 💡

　• 3D창에서 아바타 줄자를 보여주거나 숨긴다.

⑥ 3D 펜 보기 (아바타) 𝄡

　• 3D창에서 3D 펜(아바타)을 보여주거나 숨긴다.

[6] 텍스처 📖

※ 의상에 적용된 텍스처를 보여줌.

① 두꺼운 텍스처 📕

　• 3D창에서 원단의 두께감을 보여준다.

② 단색 📘

　• 3D창에서 원단을 모두 단색의 흑백으로 보여준다.

③ 반투명 📙

　• 3D창에서 원단을 반투명으로 흐리게 보여준다.

④ 메시 📗

　• 3D창에서 원단을 메시로 보여준다.

⑤ 두꺼운 텍스처 (속면) 📒

　• 3D창에서 속면에 적용된 원단의 텍스처, 그래픽, 탑스티치를 보여준다.

⑥ 자동 색상 📓

　• 3D창에서 각 패턴을 다른 색상으로 자동 적용해 구별이 쉽게 보여준다.

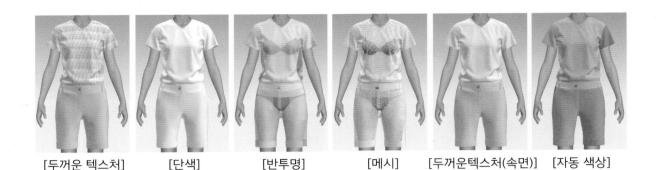

| [두꺼운 텍스처] | [단색] | [반투명] | [메시] | [두꺼운텍스처(속면)] | [자동 색상] |

[7] 의상 핏 맵 ⬛

① 응력 분포 ⬛

- 3D창에서 원단에 단위면적당 작용하는 힘의 정도를 색상표 및 수치(kPa)로 보여주거나 숨긴다.

② 변형률 분포 ⬛

- 3D창에서 외부 힘에 의해 의상이 변형되는 압력 정도를 색상표 및 수치(%)로 보여주거나 숨긴다.

③ 피팅 오류 검사 ⬛

- 3D창에서 의상이 꼭 맞는 정도를 색상 및 수치(%, Spots)로 보여주거나 숨긴다.
- [타이트(Tight)]한 경우 노란색으로, [입을 수 없을 정도(Can't Wear)]로 꼭 맞는 경우 빨간색으로 표시된다.

④ 접촉점 보기 ⬛

- 3D창에서 의상이 아바타에 접촉되는 부분을 파란색 점으로 보여주거나 숨긴다.

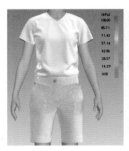
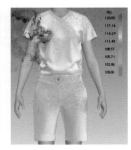

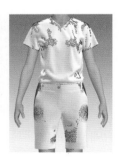

| [응력 분포] | [변형율 분포] | [피팅 오류 검사] | [접촉점 보기] |

[8] 텍스처

※ 아바타의 텍스처를 보여줌.

① 단색

• 3D창에서 아바타의 표면을 단색의 흑백으로 보여준다.

② 메시

• 3D창에서 아바타의 표면을 메시로 보여준다.

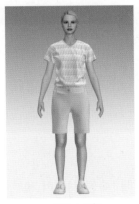  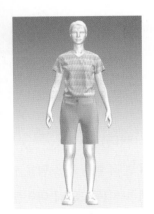

[텍스처]　　　　　[단색]　　　　　[메시]

[9] 3D 환경 보기

① 조명 보기 (3D)

• 3D창에서 조명을 설정해 보여주거나 숨긴다.
• 툴 선택 시 [Environment Light(환경 조명)], [Directional Light(방향 조명)] 아이콘이 나타나며, 각 아이콘을 좌클릭해 [속성창]에서 세부 사항을 설정하거나 기즈모 이용으로 조명 방향 및 위치 변경이 가능하다.
• [속성창]의 [강도] 값이 높을수록 밝아지며(기본값 1), [색상] 스와치를 클릭해 [색상] 팝업창에서 조명 색을 변경한다.

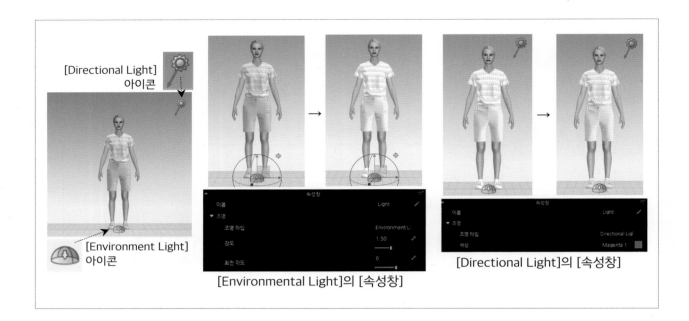

[Directional Light] 아이콘

[Environment Light] 아이콘

[Environmental Light]의 [속성창]

[Directional Light]의 [속성창]

② 조명 보기 (렌더)

- 3D창에서 렌더 환경의 조명을 설정해 보여주거나 숨긴다.
- 툴을 선택하면 [돔 조명] 아이콘이 나타나며, 아이콘을 좌클릭해 [속성창]에서 세부 사항을 설정하거나 기즈모 이용으로 조명 위치 변경이 가능하다.

[돔 조명] 아이콘

환경 맵	환경과 조명 형태
조명 강도	밝고 어두운 정도
조명 각도	조명 각도
카메라 고정	카메라 고정은 [On]

③ 바람 컨트롤러 보기 🍃

- 3D창에서 바람을 설정해 보여주거나 숨긴다.
- 툴을 선택하면 [바람] 아이콘이 나타나며, 아이콘을 좌클릭해 [속성창]에서 세부 사항을 설정하거나 기즈모 이용으로 바람 위치 변경이 가능하다.

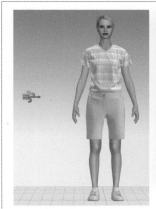

[바람] 아이콘

	활성화	활성화는 [On]
바람	종류	바람 형태
	강도	바람 세기
	감소	바람 감소 정도
	주기	바람 변화 주기
	난기류	난기류 정도
위치	X축	가로 위치
	Y축	세로 위치
	Z축	상하 위치

④ 3D 그림자 보기 🔲

- 3D창에서 아바타의 그림자를 보여주거나 숨긴다.

⑤ 지면 그리드 보기 🔲

- 3D창에서 지면의 그리드를 보여주거나 숨긴다.

⑥ 그리드 보기 ▦

- 3D창 화면에 격자 형태의 그리드를 보여주거나 숨긴다.

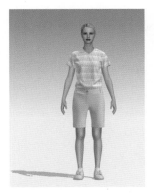

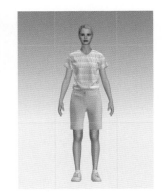

[3D 그림자 보기]　　　　[지면 그리드 보기]　　　　[그리드 보기]

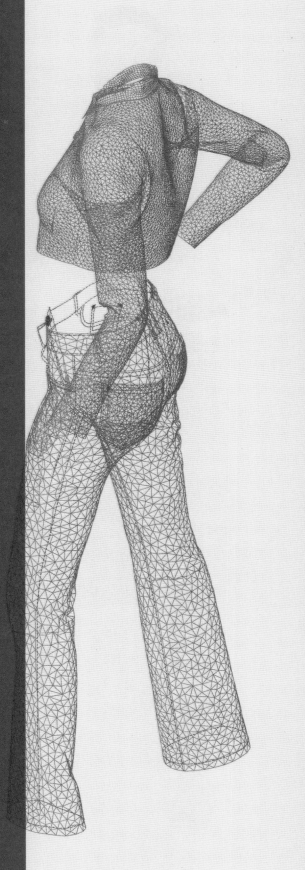

CHAPTER

02

Garment 활용

1 A-라인 프릴 원피스
A-line frill one-piece

key point

- 허리다트 추가하기
- 퍼프소매 만들기
- 밑단프릴 만들기

*뒤_콘솔지퍼는 생략됨

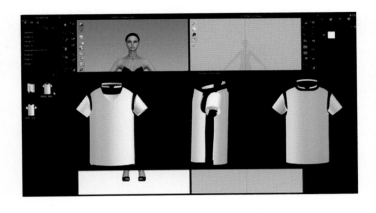

1) 아바타 불러오기

▶ 아바타 파일 열기

[라이브러리창]-[Avatar]-[Female_V2]-아바타를 선택하여 더블 클릭한다.

▶ T-shirt 파일 열기

[라이브러리창]-[Garment]-[Female_T-shirt. zpac] 선택한 파일을 [3D 의상창]에 드래그하거나 더블 클릭한다.

2) T-shirt 앞·뒤판 패턴 수정하기

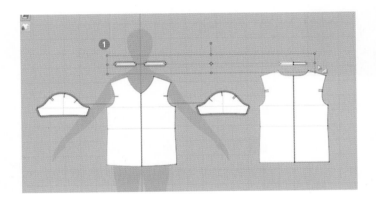

▶ Rib패턴 삭제

■ 패턴 이동/변환-① 좌클릭🖱+드래그(Rib 패턴 선택)-삭제 [Delete]

▶ 원피스 길이 수정

■ 점/선 수정-앞·뒤 밑단선분 선택-[Shift]+밑단선분②를 좌클릭🖱+드래그한 상태에서 우클릭🖱-[팝업창]-세부 항목 변경

[이동 거리] 35cm 입력-확인

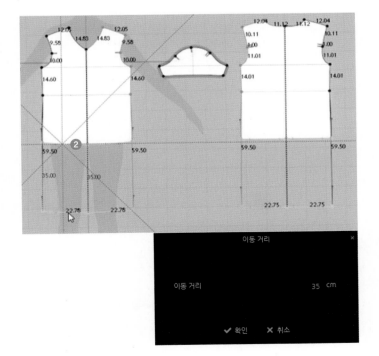

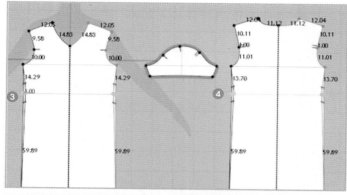

▶ 허리선 수정

 점/선 수정- Shift +허리점③, ④를 좌클릭
+드래그한 상태에서 우클릭 -[팝업창]-세부
항목 변경

[이동 거리] 1cm 입력-확인

▶ 밑단 폭 수정: A라인 만들기

점/선 수정- Shift +밑단점⑤, ⑥을 좌클릭
+드래그한 상태에서 우클릭 -[팝업창]-세
부 항목 변경

[이동 거리] 5cm 입력-확인
* 옆선의 곡선은 핸들바로 수정할 수 있다.

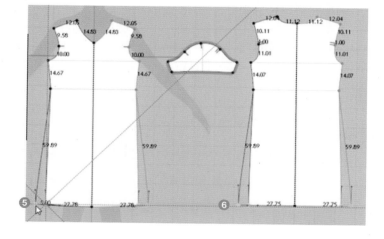

▶ 어깨선 이동: 목너비, 어깨너비 줄이기

점/선 수정-어깨선분⑦ 선택- Ctrl +좌클
릭 +드래그한 상태에서 우클릭 -[팝업창]-
세부 항목 변경

[이동 거리] 1cm 입력-확인
* 앞·뒤판을 동일하게 수정한다.

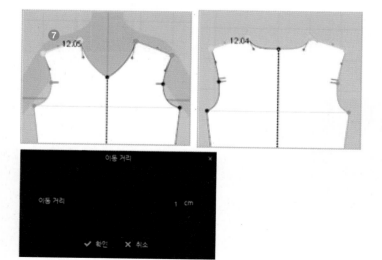

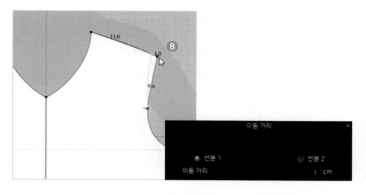

▶ 어깨너비 줄이기

점/선 수정- Ctrl +어깨점⑧을 좌클릭🖱+ 드래그한 상태에서 우클릭🖱-[팝업창]-[이동 거리] 1cm 입력-확인

* 앞·뒤판을 동일하게 수정한다.

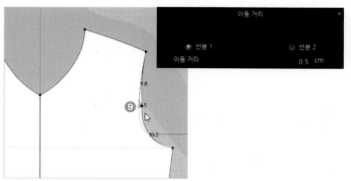

▶ 암홀라인 수정

점/선 수정- Shift +암홀점⑨를 좌클릭🖱+ 드래그한 상태에서 우클릭🖱-[팝업창]-세부 항목 변경

[이동 거리] 0.5cm 입력-확인

* 앞·뒤판을 동일하게 수정한다.

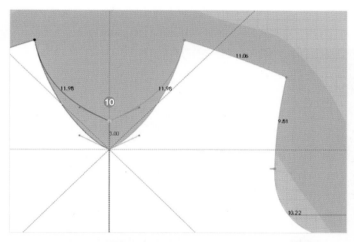

▶ 네크라인 깊이 수정

점/선 수정- Shift +앞목점⑩을 좌클릭🖱+ 드래그한 상태에서 우클릭🖱-[팝업창]-세부 항목 변경

[이동 거리] 3cm 입력-확인

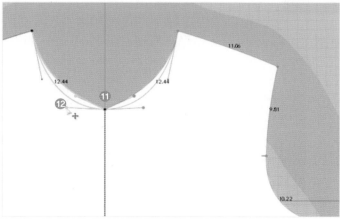

▶ 네크라인 곡선 수정

점/선 수정-앞목점⑪ 좌클릭🖱-핸들바⑫ 를 조절하여 네크라인 모양 수정

* 앞 네크라인 수정과 같은 방법으로 뒤 네크라인을 자연스럽게 수정한다.

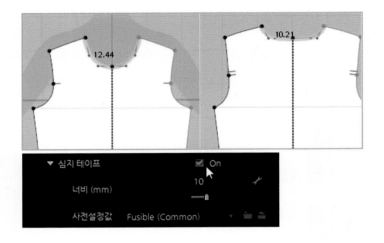

▶ 네크라인에 심지 테이프 부착하기

📐 점/선 수정-네크라인 선분 좌클릭🖱-[속성창]-[선택 선분]-[심지 테이프]-너비 확인-On 체크

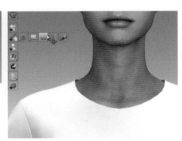

▶ 3D창의 심지표시 숨기기

🖨 본딩/스카이빙 보기-선택 해제

3) 다트 추가하기

▶ 다트 추가

◻ 다트-허리선①에 커서를 올려놓은 상태에서 좌클릭🖱-[팝업창]-세부 항목 변경

앞판 다트

[다트 설정]-[너비] 1.5cm
　　　　　[높이 (위)] 8cm
　　　　　[높이 (아래)] 10cm 입력
　　　　　[배치]-[왼쪽] 10cm 입력-확인

뒤판 다트

[다트 설정]-[너비] 1.5cm
　　　　　[높이 (위)] 11cm
　　　　　[높이 (아래)] 12cm 입력
　　　　　[배치]-[왼쪽] 10cm 입력-확인

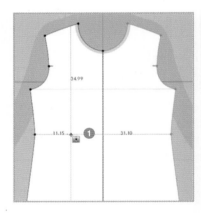

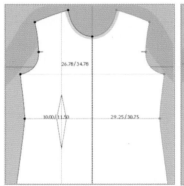
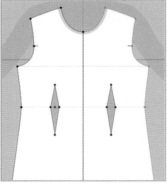

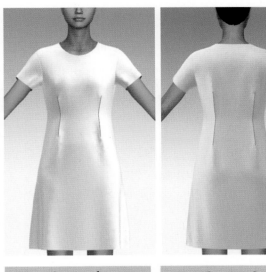

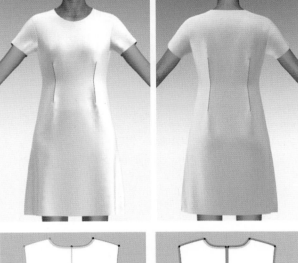

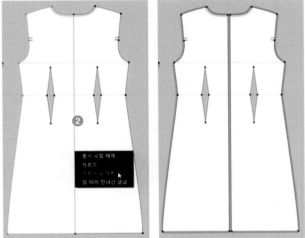

▶ 시뮬레이션

 시뮬레이션-다트 재봉

▶ 뒤중심선 분리

점/선 수정-뒤중심선② 좌클릭🖱-우클릭
🖱-[팝업창]-[자르기 & 재봉] 선택

4) 소매 패턴 수정하기

▶ 소매 길이 늘리기

점/선 수정- Shift +소매밑단①을 좌클릭🖱
+드래그한 상태에서 우클릭🖱-[팝업창]-세부
항목 변경

[이동 거리] 45cm 입력-확인

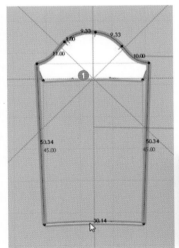

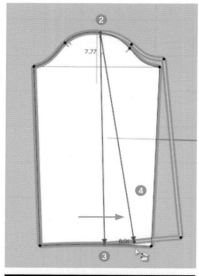

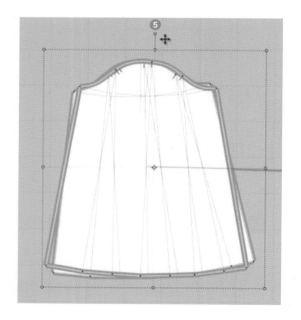

▶ 소매 밑단 분량 키우기

🔲 패턴 벌리기 (점)-시작점② 클릭, 끝점③ 클릭-회전할 패턴④ 좌클릭🖱-벌릴 방향으로 드래그한 상태에서 우클릭🖱-[팝업창]-세부 항목 변경

[패턴 벌리기] 8cm 입력-확인
* 동일한 방법과 수치로 세 군데를 벌린다.

▶ 소매 결선 맞추기

🔲 패턴 이동/변환-회전할 패턴을 선택하여 회전점⑤🖱를 좌클릭🖱한 상태에서 패턴 기울기를 조절한다.

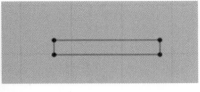

▶ 커프스 추가

⬛ 사각형 패턴-빈 공간에 좌클릭🖱-[팝업창]-세부 항목 변경

[사각형 설정]-[너비] 21cm
                [높이] 3cm 입력-확인

▶ 커프스 재봉

🔲 선분 재봉-선분⑥ 좌클릭🖱-선분⑦ 좌클릭🖱

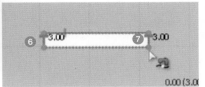

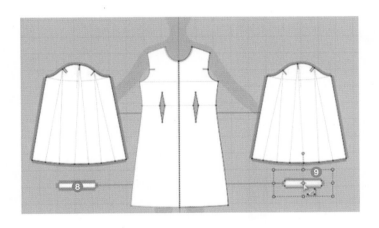

▶ 대칭으로 패턴 복제

◤ 패턴 이동/변환-패턴⑧ 좌클릭🖱-우클릭🖱-[팝업창]-[동시 수정 패턴 복제]-[대칭으로 (패턴과 재봉선)] 선택-드래그&드롭⑨하여 대칭으로 설정

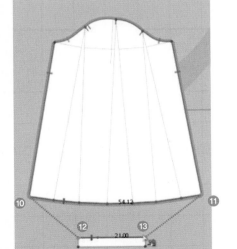

▶ 소매와 커프스 재봉

〰 자유 재봉-점⑩ 좌클릭🖱+드래그+점⑪ 좌클릭🖱-점⑫ 좌클릭🖱+드래그+점⑬ 좌클릭🖱

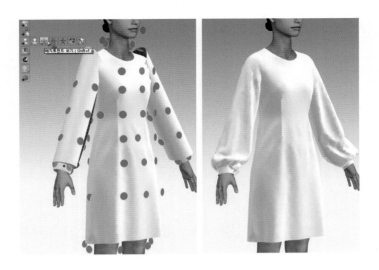

▶ 수정된 소매 패턴 재배치

👭 배치포인트 보기

배치포인트를 활용하여 소매 패턴과 커프스를
재배치한다.

▶ 시뮬레이션

⬇ 시뮬레이션-의상 착장

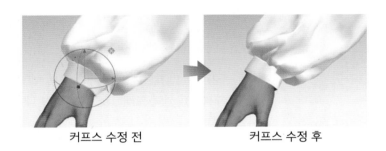

커프스 수정 전   커프스 수정 후

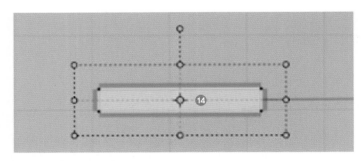

▶ 커프스 심지 추가

◢ 패턴 이동/변환-커프스⑭ 선택
[속성창]-[본딩/스카이빙]-[심지 접착/본딩]-
On 체크

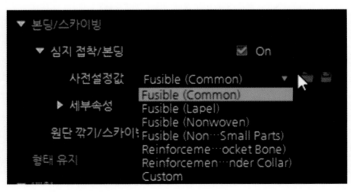

▶ 커프스 너비 고정

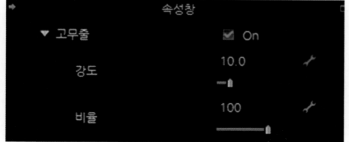

▦ 점/선 수정-커프스 선분⑮ 선택-[속성창]-
세부 항목 변경

[선택 선분]-[고무줄] On 체크
[비율] 100% 입력

5) 밑단프릴 만들기

▶ 밑단프릴 추가

▦ 사각형 패턴-좌클릭🖱-[팝업창]-세부 항
목 변경

[사각형 생성]-[너비] 120cm
[높이] 17cm 입력-확인

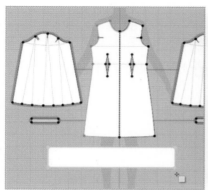

▶ 앞판 밑단프릴 추가

▦ 점/선 수정-선분① 좌클릭🖱-우클릭🖱
-[팝업창]-세부 항목 변경

[내부선분 생성]-[거리] 2cm 입력-확인

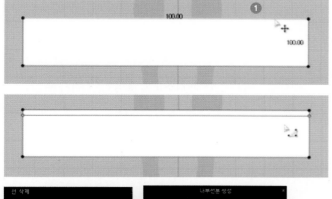

▶ 뒤판 밑단프릴

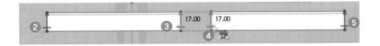패턴 이동/변환-앞판 밑단프릴을 복사하여 뒤판 밑단프릴을 만든다.

▶ 밑단프릴 옆선 재봉

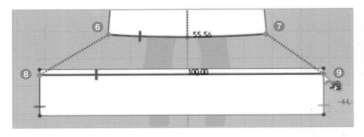

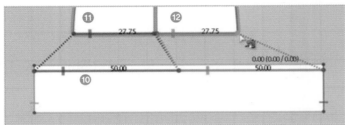

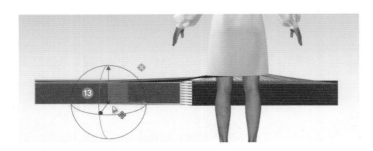

선분 재봉-②와 ⑤, ③과 ④를 재봉

▶ 몸판과 밑단프릴 내부선분 재봉

자유 재봉-점⑥ 좌클릭🖱+드래그+점⑦ 좌클릭🖱-점⑧ 좌클릭🖱+드래그+점⑨ 좌클릭🖱

선분 재봉-1:N 재봉방법으로 재봉-선분⑩ 선택+ Shift -선분⑪, ⑫ 순서대로 선택

▶ 3D창에서 밑단프릴 재배치

8 클릭하여 뷰포인트 뒤설정
뒤판프릴⑬ 선택-우클릭🖱-[팝업창]-[좌우 뒤집기] 선택-기즈모를 활용하여 위치 수정

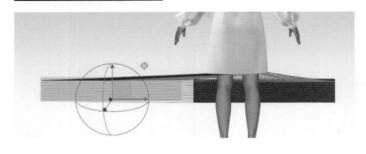

좌우 뒤집기   Ctrl+G

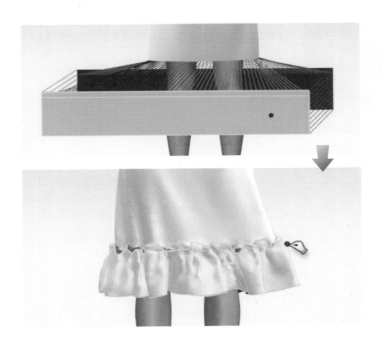

▶ 시뮬레이션

⬇ 시뮬레이션-의상 착장

6) 원단 색상 & 물성 변경

▶ 원단 색상 변경

[물체창]-[Default Fabric]① 선택-[속성창]-[재질]-[기본]-[색상] 선택-[팝업창] 원단 색상 선택-확인

▶ 원단 물성 변경

[물체창]-[Default Fabric]① 선택-[속성창]-[물성]-[사전설정값]-[Cotton_Sateen] 선택

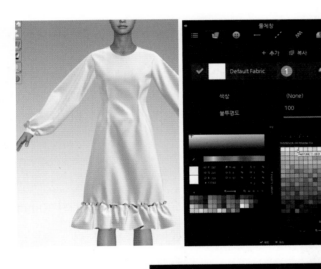

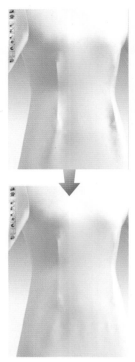

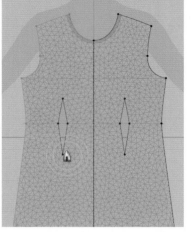

기 포즈 변경 & 의상 완성도 높이기

▶ 다림질

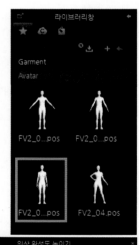 스팀-[스팀 브러시]-다트 끝부분 모두 좌
클릭🖱️

* 팝업창의 스팀 브러시 기본 수치 참조

▶ 포즈 변경

[라이브러리창]-[Avatar]-[Female_V2]-포즈
선택

▶ 의상 완성도 높이기

의상 완성도 높이기-[입자 간격] 10mm
확인- 시뮬레이션

2D 패턴 이미지

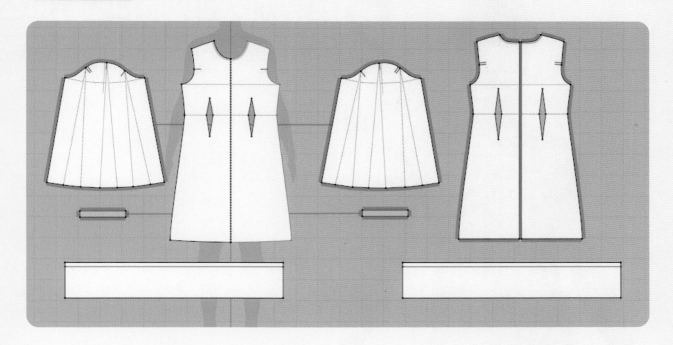

3D 렌더링 이미지

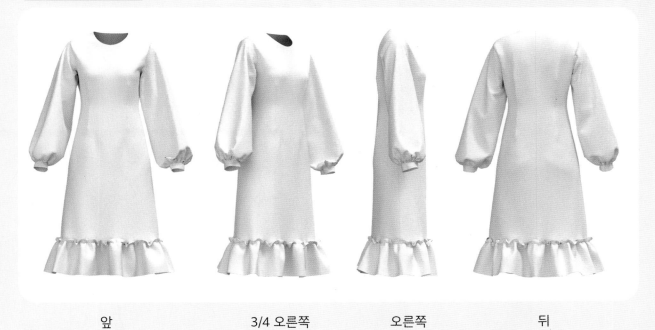

| 앞 | 3/4 오른쪽 | 오른쪽 | 뒤 |

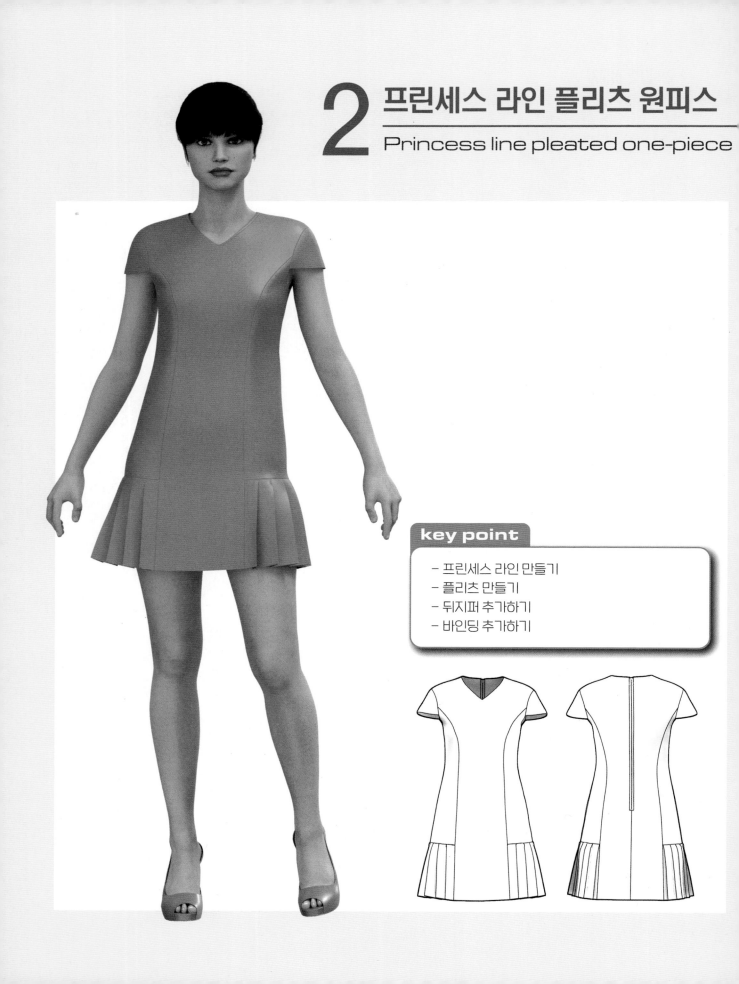

2 프린세스 라인 플리츠 원피스

Princess line pleated one-piece

key point

- 프린세스 라인 만들기
- 플리츠 만들기
- 뒤지퍼 추가하기
- 바인딩 추가하기

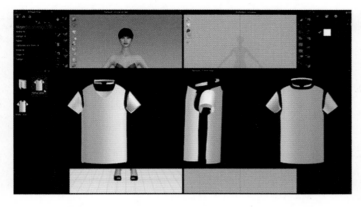

1) 아바타 & T-shirt 불러오기

▶ 아바타 파일 열기

[라이브러리창]-[Avatar]-[Female_V2]-아바타를 선택하여 더블 클릭한다.

▶ T-shirt 파일 열기

[라이브러리창]-[Garment]-[Female_T-shirt.zpac] 선택한 파일을 [3D 의상창]에 드래그하거나 더블 클릭한다.

2) T-shirt 앞·뒤판 패턴 수정하기

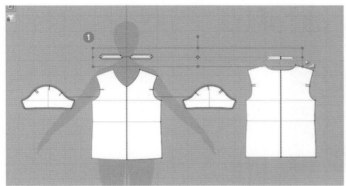

▶ Rib패턴 삭제

■ 패턴 이동/변환-영역① 좌클릭🖱+드래그-삭제 Delete

▶ 앞·뒤 중심선 절개

■ 점/선 수정-중심선② 좌클릭🖱-우클릭🖱-[팝업창]-[자르기 & 재봉] 선택

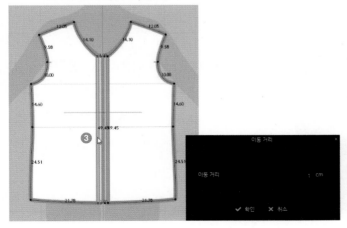

▶ 앞·뒤판 폭 줄이기

■ 점/선 수정-절개된 중심선(좌측)③을 좌클릭🖱+드래그한 상태에서 우클릭🖱-[팝업창]-세부 항목 변경

[이동 거리] 1cm 입력-확인

* 앞·뒤판을 동일하게 수정한다.

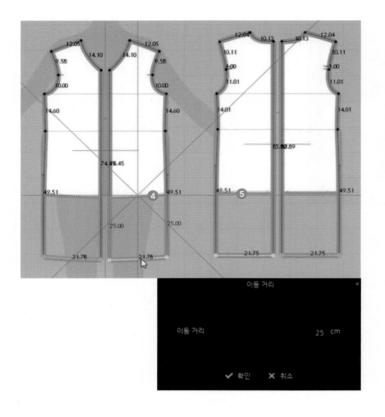

▶ 원피스 길이 수정

점/선 수정- Shift +앞·뒤 밑단선분④, ⑤ 선택- Shift +밑단선분④ 좌클릭🖱+드래그한 상태에서 우클릭🖱-[팝업창]-세부 항목 변경

[이동 거리] 25cm 입력-확인

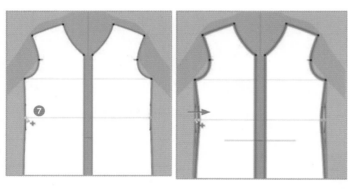

▶ 허리선 수정

점/선 수정-허리점⑦ 좌클릭🖱-방향키 ▶ 한 번 클릭(1cm 이동)

* 방향키는 한 번 클릭할 때마다 1cm씩 이동한다.
* 앞·뒤판을 동일하게 수정한다.

3) 프린세스 라인 추가하기

▶ 프린세스 라인 추가-앞판

내부 다각형/선-암홀라인① 클릭-허리 기초선②에 커서를 올려놓은 상태에서 우클릭🖱-[팝업창]-[내부 다각형/선분 생성]-[배치]-오른쪽 8cm 입력-확인 클릭- Shift +밑단③ 더블 클릭(수직 방향)

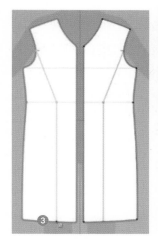
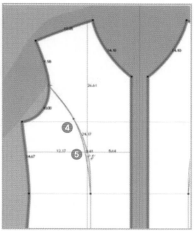

곡선점 수정-수정할 선분 위에 커서를 올려놓은 상태에서 좌클릭🖱+드래그-프린세스 라인 점④, ⑤ 수정

▶ 프린세스 라인 추가-뒤판

내부 다각형/선-암홀라인⑥ 클릭-허리 기초선⑦에 커서를 올려놓은 상태에서 우클릭🖱-[팝업창]-[내부 다각형/선분 생성]-[배치]-오른쪽 10cm 입력-확인 클릭- Shift +밑단⑧ 더블 클릭(수직 방향)

곡선점 수정-수정할 선분 위에 커서를 올려놓은 상태에서 좌클릭🖱+드래그-프린세스 라인 점⑨ 수정

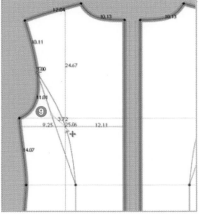

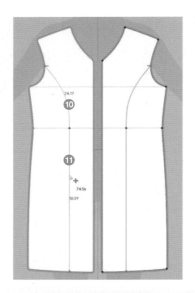

▶ 프린세스 라인 분리

점/선 수정-Shift+좌클릭🖱(분리될 선분⑩, ⑪ 선택)-우클릭🖱-[팝업창]-[자르기 & 재봉] 클릭

▶ 프린세스 라인 수정-1

점/선 수정-허리점⑫ 선택 좌클릭🖱+드래그한 상태에서 우클릭🖱-[팝업창]-세부 항목 변경

[이동 거리] 2cm 입력-확인

* 앞·뒤판을 동일하게 수정한다.

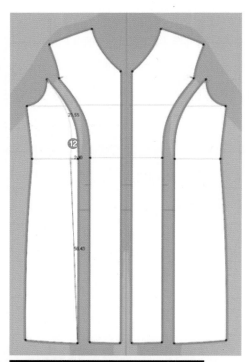

Chapter 02 Garment 활용

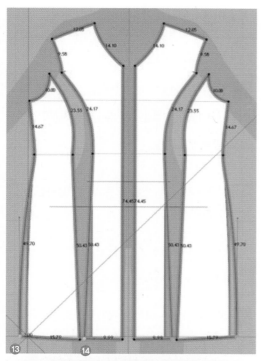

▶ 프린세스 라인 수정-2

🖱️ 점/선 수정- Shift +밑단점⑬, ⑭를 좌클릭
🖱️+드래그한 상태에서 우클릭🖱️-[팝업창]-세
부 항목 변경

[이동 거리] 2cm 입력-확인

* 앞·뒤판을 동일하게 수정한다.

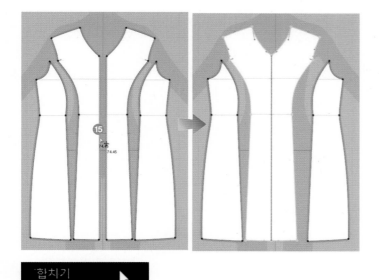

▶ 앞판 중심선 합치기

🖱️ 점/선 수정-선분⑮ 선택 좌클릭🖱️-우클릭
🖱️-[팝업창]-[합치기] 선택

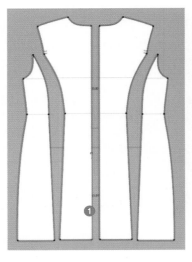

4) 뒤지퍼 만들기

▶ 뒤판 지퍼 분량-1

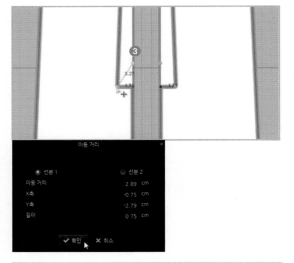 점 추가/선분 나누기-뒤중심선①에 마우스를 올려놓은 상태에서 우클릭🖱️-[팝업창]-세부 항목 변경

[선분 나누기]-[두 선분으로 나누기]-[선분 2] 55cm 입력-확인

▶ 뒤판 지퍼 분량-2

점 추가/선분 나누기-선분② 좌클릭🖱️

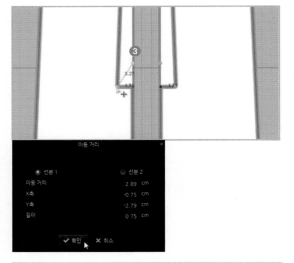

▶ 뒤판 지퍼 분량-3

점/선 수정-점③을 좌클릭🖱️+드래그한 상태에서 우클릭🖱️-[팝업창]-세부 항목 변경

[이동 거리]-[X축] -0.75cm 입력-확인

* 마이너스(-)소수점 수치가 입력되지 않을 경우, 0을 제외하고 입력한다(예: -.75).

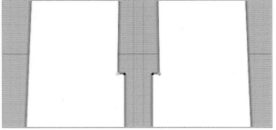

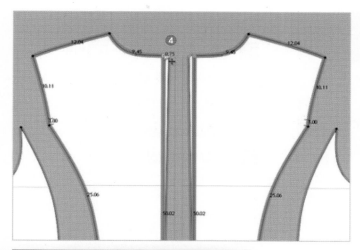

▶ 뒤판 지퍼 분량-4

▦ 점/선 수정-점④를 좌클릭🖱+드래그한 상태에서 우클릭🖱-[팝업창]-세부 항목 변경

[이동 거리]–[X축] −0.75cm 입력–확인

● 선분 1	○ 선분 2	
이동 거리	0.75	cm
X축	-0.75	cm
Y축	0.02	cm
길이	50.03	cm
✔ 확인	✖ 취소	

▶ 재봉선 수정

▦ 재봉선 수정-점④의 재봉선을 점⑤까지 좌클릭🖱+드래그하여 위치 이동

* 좌 · 우 재봉선을 동일하게 수정한다.

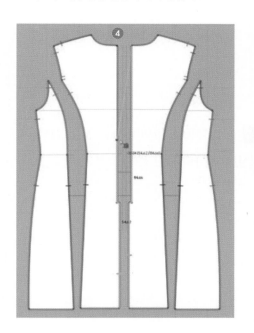
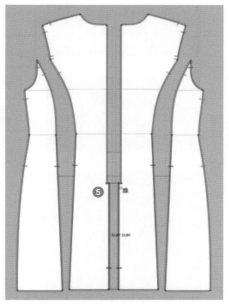
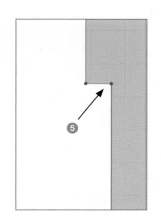

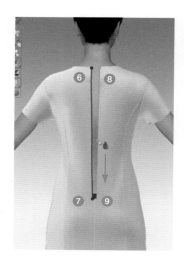
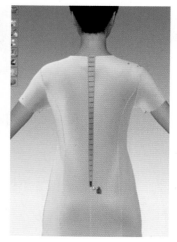

▶ 지퍼 만들기(3D창)

🪡 지퍼-지퍼의 시작점⑥ 좌클릭🖱-드래그-
지퍼의 끝점⑦ 더블 클릭

반대편 지퍼의 시작점⑧ 좌클릭🖱-드래그-지
퍼의 끝점⑨ 더블 클릭

⬇ 시뮬레이션-의상 착장

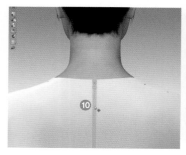

▶ 지퍼 사이즈 변경-1

➕ 선택/이동-지퍼⑩ 선택-[속성창]-[규격]-
사이즈 선택

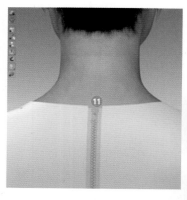

▶ 지퍼 사이즈 변경-2

➕ 선택/이동-슬라이더 또는 풀러⑪ 선
택-[속성창]-[규격]-사이즈 선택

▶ 지퍼 디자인 변경

➕ 선택/이동-슬라이더 또는 풀러 선택-[속
성창]-[종류]-디자인 선택

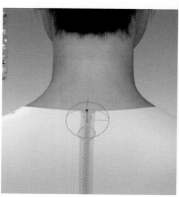

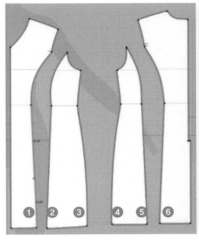

5) 좌·우 플리츠 밑단 만들기

▶ 밑단 패턴 만들기

🔳 점 추가/선분 나누기-선분①에 커서를 올려놓은 상태에서 우클릭🖱-[팝업창]-세부 항목 변경

[선분 나누기]-[두 선분으로 나누기]-[선분 1] 20cm 입력-확인
∗ ②~⑥까지 동일하게 점을 추가한다.

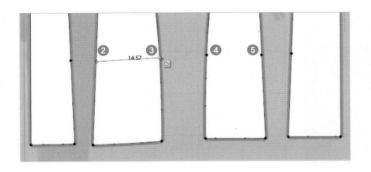

🔳 내부 다각형/선-점② 좌클릭🖱-점③ 더블 클릭
∗ 점 ④~⑤를 연결하여 동일하게 내부선분을 추가한다.

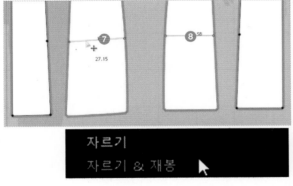

▶ 밑단 패턴 분리

🔳 점/선 수정-Shift+선분⑦, ⑧ 좌클릭🖱(분리될 선분 선택)-우클릭🖱-[팝업창]-[자르기 & 재봉] 선택

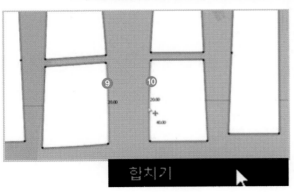

▶ 앞·뒤 밑단 패턴 합치기

🔳 점/선 수정-Shift+선분⑨, ⑩ 선택 좌클릭🖱-우클릭🖱-[팝업창]-[합치기] 선택

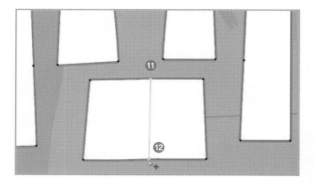

점/선 수정-점⑪, ⑫ 선택-삭제 `Delete`

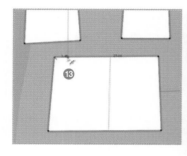

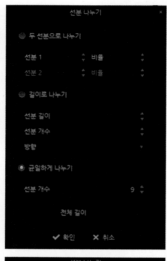

수치 확인

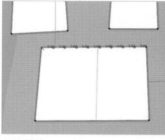

▶ 플리츠 기준점 추가-1

점 추가/선분 나누기-선분⑬에 마우스를 올려놓은 상태에서 우클릭-[팝업창]-세부 항목 변경

[선분 나누기]-[균일하게 나누기]-[선분 개수] 9 입력(선분 1개의 수치 확인)-[두 선분으로 나누기]-[선분 1] 2.8cm 입력-확인

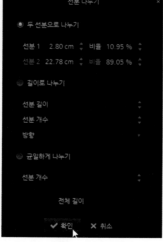

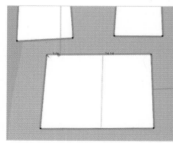

점 추가

Chapter 02 Garment 활용

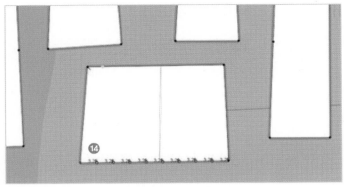
수치 확인

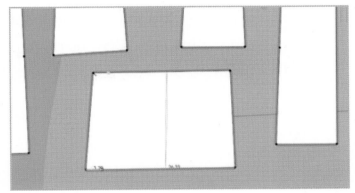
점 추가

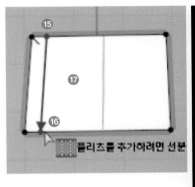

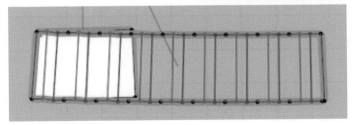

▶ 플리츠 기준점 추가-2

⚙ 점 추가/선분 나누기-선분⑭에 마우스를 올려놓은 상태에서 우클릭🖱-[팝업창]-세부 항목 변경

[선분 나누기]-[균일하게 나누기]-[선분 개수] 9 입력(선분 1개의 수치 확인)-[두 선분으로 나누기]-[선분 1] 3.2cm 입력-확인

▶ 플리츠 기준점 추가

▦ 플리츠-점⑮ 좌클릭🖱-점⑯ 좌클릭🖱-플리츠 만들 방향⑰ 클릭-[팝업창]-세부 항목 변경

[플리츠]-[플리츠 유형] 나이프 플리츠 체크
[세부사항]-[주름 개수] 9개
                    [주름 너비]-[시작] 2.8cm
                                    [끝] 2.8cm
                    [주름 사이 간격]-[시작] 2.8cm
                                            [끝] 3.2cm
        [너치 생성] 양쪽
[옵션]-[접힘 각도]-[바깥쪽으로 접기] 0°
                            [안쪽으로 접기] 360°

* 시작과 끝의 수치가 다를 경우 연동을 해제한다.

* 주름 너비는 측정된 수치로 입력한다.

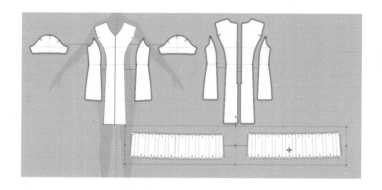

▶ 플리츠 패턴 착장

■ 패턴 이동/변환-플리츠 패턴 선택

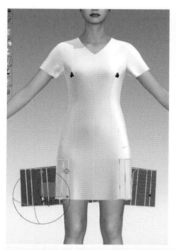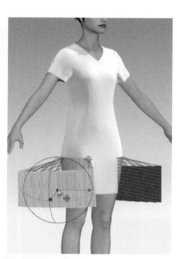

2D 패턴창 상태로 재배치

[3D창]-선택된 패턴 위에 커서 올려놓은 상태에서 우클릭🖱️-[팝업창]-[2D 패턴창 상태로 재배치] 선택-기즈모를 활용하여 패턴 재배치

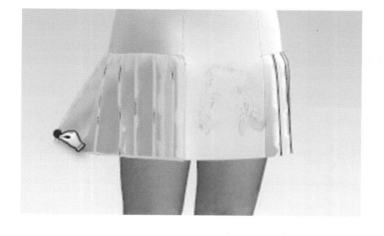

▶ 시뮬레이션

⬇ 시뮬레이션-의상 착장

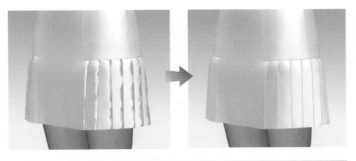

▶ 주름 형태 수정

⬛ 점/선 수정-Shift+바깥쪽으로 접힌 선분들 좌클릭🖱️하여 선택-[속성창]-[접기]-[각지게 보이기] On 체크

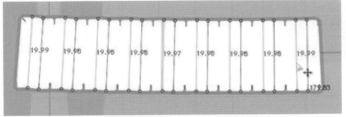

6) 캡소매 만들기

▶ 반팔소매 수정(기준점 추가)

⬛ 점 추가/선분 나누기-선분①에 마우스를 올려놓은 상태에서 우클릭🖱️-[팝업창]-세부 항목 변경

[선분 나누기]-[두 선분으로 나누기]-[선분 1] 3cm 입력-확인

⬛ 점 추가/선분 나누기-선분②에 마우스를 올려놓은 상태에서 우클릭🖱️-[팝업창]-세부 항목 변경

[선분 나누기]-[두 선분으로 나누기]-[선분 1] 4cm 입력-확인

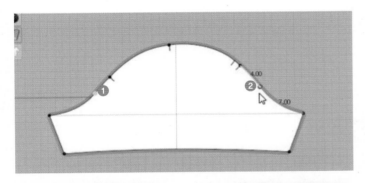

 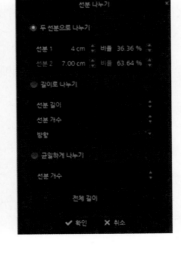

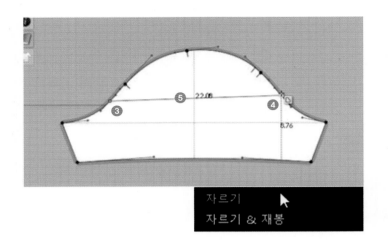

▶ 내부선분 추가

🔲 내부 다각형/선-점③ 좌클릭🖱-점④
더블 클릭

▶ 패턴 분리

🔳 점/선 수정-좌클릭🖱(분리될 선분⑤ 선
택)-우클릭🖱-[팝업창]-[자르기] 선택

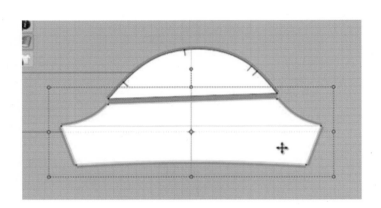

🔳 패턴 이동/변환-삭제될 패턴 선택 좌클릭
🖱-삭제 Delete

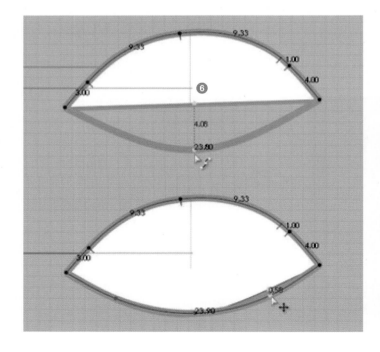

▶ 점 추가

🔳 곡선점 수정-소매밑단선분 가운데에 좌클
릭🖱하여 ⑥번 위치에 곡선점 추가

▶ 캡소매 수정

🔳 곡선점 수정-소매밑단⑥을 좌클릭🖱+드
래그한 상태에서 우클릭🖱-[팝업창]-세부 항
목 변경

[이동 거리] 4cm 입력-확인

🔳 곡선점 수정-좌클릭🖱+드래그-라인 수정

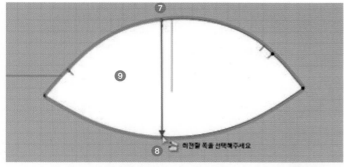

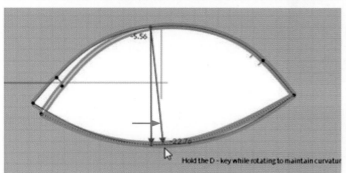

▶ 캡소매 폭 수정

🖱️ 패턴 벌리기 (점)-⑦ 클릭-⑧ 클릭-움직일
패턴⑨를 좌클릭🖱️하여 줄일 방향으로 드래
그한 상태에서 우클릭🖱️-[팝업창]-세부 항목
변경

[패턴 벌리기] −1cm 입력−확인

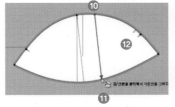
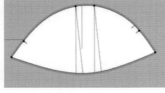

🖱️ 패턴 벌리기 (점)-⑩ 클릭-⑪ 클릭-움직일
패턴⑫를 좌클릭🖱️하여 줄일 방향으로 드래
그한 상태에서 우클릭🖱️-[팝업창]-세부 항목
변경

[패턴 벌리기] −1cm 입력−확인

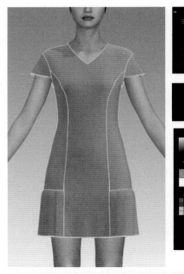

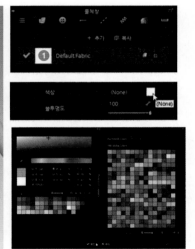

7) 원단 색상 & 물성 변경

▶ 원단 색상 변경

[물체창]-[원단]① 선택-[속성창]-[재질]-[기본]-[색상] 선택-[팝업창] 원단 색상 선택-확인

▶ 원단 물성 변경

[물체창]-[원단]① 선택-[속성창]-[물성]-[사전설정값]-[Silk_Taffeta] 선택

▶ 원단 재질 변경

[물체창]-[원단]① 선택-[속성창]-[재질]-[종류]-[Fabric_Silk/satin] 선택

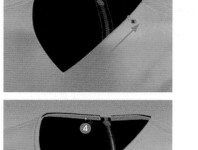

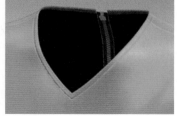

8) 바인딩 추가하기

▶ 아바타 숨기기

👤 아바타 보기-선택 해제

▶ 바인딩

⬛ 바인딩-네크라인② 좌클릭🖱-점선을 따라 드래그하여 마지막 점③에서 더블 클릭-⬇ 시뮬레이션

▶ 바인딩 표면 뒤집기

🖱 점/선 수정-바인딩④를 좌클릭🖱-우클릭🖱-[팝업창]-[표면 뒤집기]

▶ 아바타 보기

👤 아바타 보기-선택

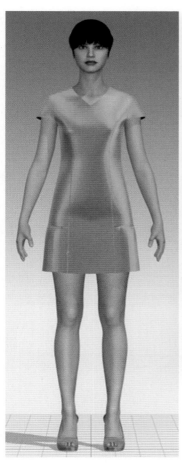

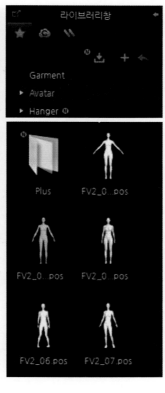

9) 포즈 변경 & 완성도 높이기

▶ 포즈 변경

[라이브러리창]-[Avatar]-[Female_V2]-포즈 선택

▶ 의상 완성도 높이기

의상 완성도 높이기-입자 간격 10mm 확인- 시뮬레이션

2D 패턴 이미지

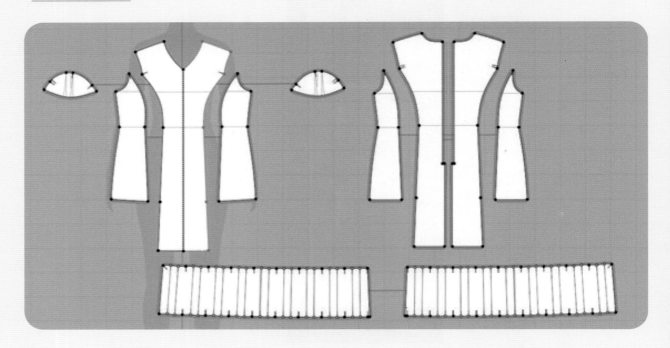

3D 렌더링 이미지

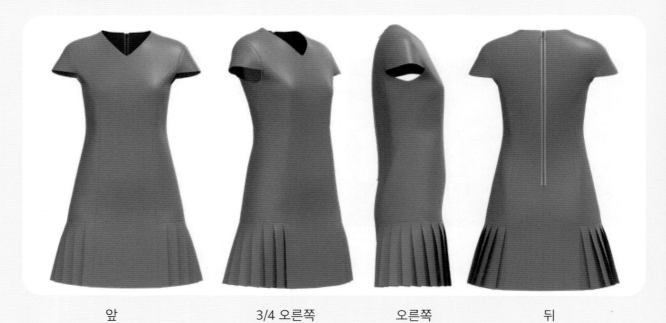

| 앞 | 3/4 오른쪽 | 오른쪽 | 뒤 |

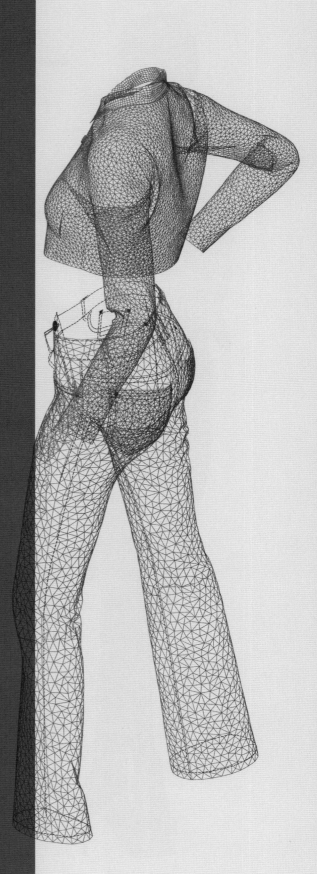

CHAPTER
03

2D 패턴 제도

1 타이트 스커트
Tight Skirt

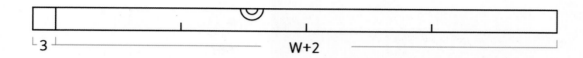

3   W+2

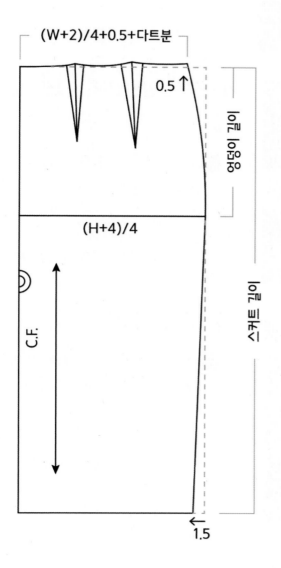

(W+2)/4+0.5+다트분

0.5 ↑

엉덩이 길이

(H+4)/4

스커트 길이

C.F.

1.5

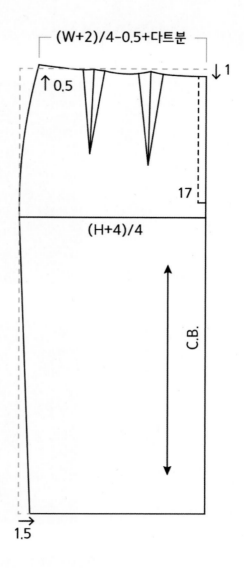

(W+2)/4-0.5+다트분

↓1

↑0.5

17

(H+4)/4

C.B.

1.5

패턴제도 치수(cm)	
스커트길이 L	60
허리둘레 W	64
엉덩이둘레 H	94
엉덩이길이	20

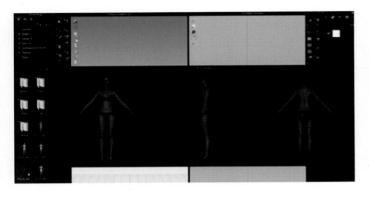

1) 아바타 불러오기

▶ 아바타 파일 열기

[라이브러리창]-[Avatar]-[Female_V2]-아바타를 선택하여 더블 클릭한다.

2) 스커트 앞판 기초선 제도 (2D창)

▶ 기초선

■ 사각형 패턴-빈 공간에 좌클릭🖱-[팝업창]-세부 항목 변경

[사각형 생성]-[너비] 24.5cm
　　　　　　　[높이] 60cm 입력-확인

▶ 엉덩이길이 점 추가

◼ 점 추가/선분 나누기-옆선①에 마우스를 올려놓은 상태에서 우클릭🖱-[팝업창]-세부 항목 변경

[선분 나누기]-[두 선분으로 나누기]-[선분 1] 20cm 입력-확인

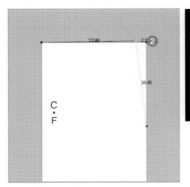 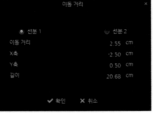

▶ 앞판 허리선 및 옆선 수정

◥ 점/선 수정-점② 선택-좌클릭🖱+드래그한 상태에서 우클릭🖱-[팝업창]-세부 항목 변경

[이동 거리]-[선분 1]-[X축] -2.5cm
　　　　　　　　[Y축] 0.5cm 입력-확인

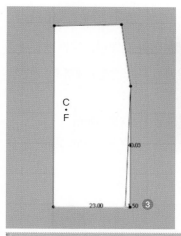

▶ 앞판 옆선 및 밑단둘레 수정

 점/선 수정-점③ 선택-좌클릭🖱+드래그한 상태에서 우클릭🖱-[팝업창]-세부 항목 변경

[이동 거리]-[선분 1]-[X축] -1.5cm
　　　　　　　　[Y축] 0cm 입력-확인

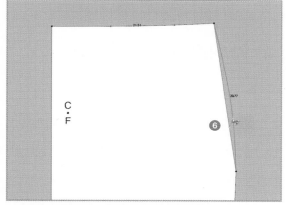

▶ 앞판 허리선 및 옆선 곡선 수정

곡선점 수정-허리선 위에 커서를 올려놓은 상태에서 좌클릭🖱+드래그-허리라인 점④, ⑤를 곡선으로 수정

* 옆선⑥도 동일하게 곡선으로 수정한다.

3) 스커트 뒤판 기초선 제도하기

▶ 앞판 패턴 복사

패턴 이동/변환-앞판 패턴① 선택-우클릭🖱-[팝업창]-[복사] 선택-우클릭🖱-[팝업창]-[좌우반전 붙여넣기] 선택-빈 공간②에 좌클릭🖱

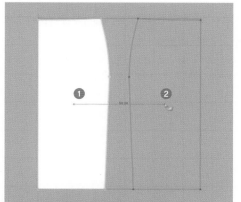

복사	Ctrl+C
붙여넣기	Ctrl+V
좌우반전 붙여넣기	Ctrl+R

복사	Ctrl+C
붙여넣기	Ctrl+V
좌우반전 붙여넣기	Ctrl+R

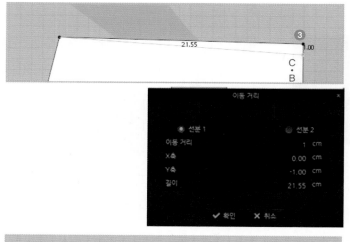

▶ 뒤판 허리선 및 옆선 수정

점/선 수정-점③ 선택-좌클릭+드래그
한 상태에서 우클릭-[팝업창]-세부 항목 변경

[이동 거리]–[선분 1]–[X축] 0cm
　　　　　　　　　[Y축] –1cm 입력–확인

▶ 뒤판 허리선 곡선 수정

곡선점 수정-허리선 위에 커서를 올려놓
은 상태에서 좌클릭+드래그-허리라인 점
④, ⑤를 곡선으로 수정

4) 앞·뒤판 허리다트 추가

▶ 허리다트-1

점 추가/선분 나누기-허리선①에 마우스
를 올려놓은 상태에서 우클릭-[팝업창]-세
부 항목 변경

[선분 나누기]–[균일하게 나누기]–[선분 개
수] 3 입력–확인
* 앞 · 뒤판에 동일하게 점을 추가한다.

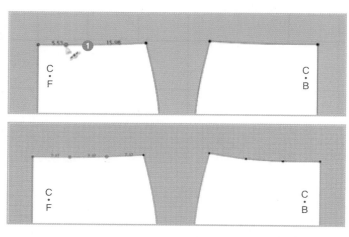

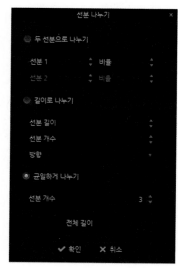

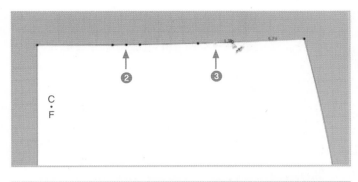

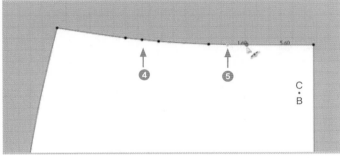

▶ 허리다트-2

■ 점 추가/선분 나누기-허리선의 기준점을 중심으로 좌·우에 마우스를 올려놓은 상태에서 우클릭🖱-[팝업창]-세부 항목 변경

[선분 나누기]-[두 선분으로 나누기]-[선분 1]
점②를 기준으로 좌·우에 다트량 1.1cm씩 점 추가
점③을 기준으로 좌·우에 다트량 1.4cm씩 점 추가
점④를 기준으로 좌·우에 다트량 1.4cm씩 점 추가
점⑤를 기준으로 좌·우에 다트량 1.6cm씩 점 추가

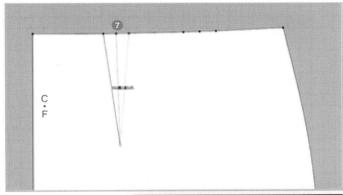

▶ 허리다트-3

■ 점/선 수정-앞판 허리다트 중심점⑦을 좌클릭🖱+드래그한 상태에서 우클릭🖱-[팝업창]-세부 항목 변경

[이동 거리]-[선분 1]-[X축] 0.3cm
                      [Y축] -10cm 입력-확인

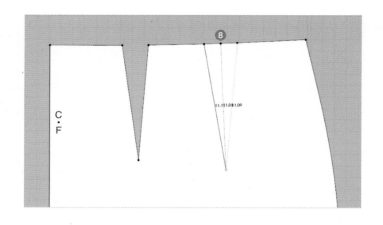

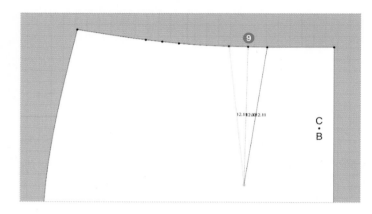

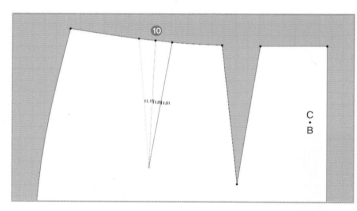

점/선 수정-앞판 허리다트 중심점⑧을 좌클릭+드래그한 상태에서 우클릭-[팝업창]-세부 항목 변경

[이동 거리]–[선분 1]–[X축] 0.5cm
　　　　　　　　　 [Y축] –11cm 입력-확인

점/선 수정-뒤판 허리다트 중심점⑨를 좌클릭+드래그한 상태에서 우클릭-[팝업창]-세부 항목 변경

[이동 거리]–[선분 1]–[X축] –0.5cm
　　　　　　　　　 [Y축] –12cm 입력-확인

점/선 수정-뒤판 허리다트 중심점⑩을 좌클릭+드래그한 상태에서 우클릭-[팝업창]-세부 항목 변경

[이동 거리]–[선분 1]–[X축] –0.3cm
　　　　　　　　　 [Y축] –11cm 입력-확인

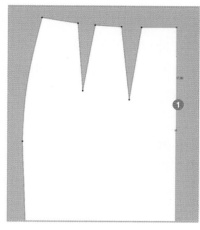

5) 뒤판 지퍼 스티치 및 뒤트임 추가

▶ 지퍼 안단 추가

🔘 점 추가/선분 나누기-뒤중심선①에 마우스를 올려놓은 상태에서 우클릭🖱️-[팝업창]-세부 항목 변경

[선분 나누기]–[두 선분으로 나누기]–[선분 1] 17cm 입력–확인

🔲 사각형 패턴-빈 공간에 좌클릭🖱️-[팝업창]-세부 항목 변경

[사각형 생성]–[너비] 1cm
                    [높이] 17cm 입력–확인

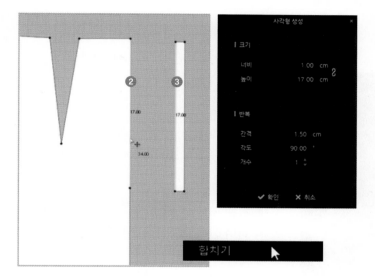

📐 점/선 수정- Shift +선분②, ③ 좌클릭🖱️하여 선택-우클릭🖱️-[팝업창]-[합치기] 선택

▶ 기초선을 내부선으로 변경

🔳 트레이스-선분④ 선택 좌클릭🖱️- Enter

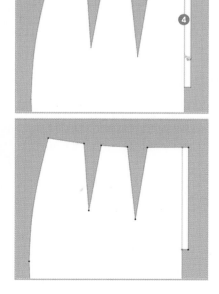

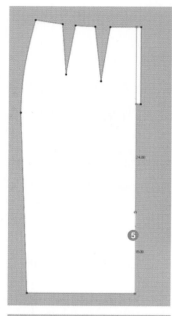

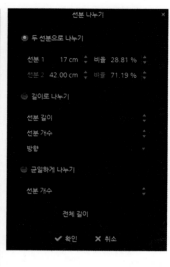

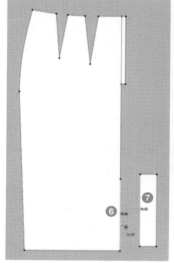

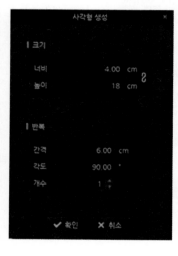

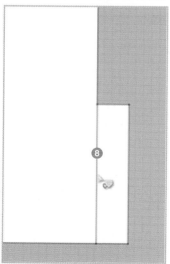

▶ 뒤트임 추가

점 추가/선분 나누기-뒤중심선⑤에 마우스를 올려놓은 상태에서 우클릭-[팝업창]-세부 항목 변경

[선분 나누기]–[두 선분으로 나누기]–[선분 1] 18cm 입력-확인

사각형 패턴-빈 공간에 좌클릭-[팝업창]-세부 항목 변경

[사각형 생성]–[너비] 4cm
          [높이] 18cm 입력–확인

점/선 수정-Shift+선분⑥, ⑦ 선택 좌클릭하여 선택-우클릭-[팝업창]-[합치기] 선택

▶ 기초선을 내부선으로 변경

트레이스-선분⑧ 선택 좌클릭-Enter

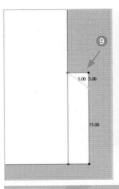

▶ 뒤 트임단 수정

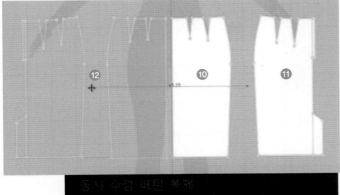 점/선 수정-점⑨ 좌클릭🖱+드래그한 상태에서 우클릭🖱-[팝업창]-세부 항목 변경

[이동 거리]–[선분 1]–[이동 거리] 3cm–확인

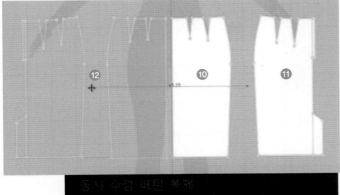

▶ 대칭으로 패턴 복제

 패턴 이동/변환- Shift +좌클릭🖱(앞·뒤판 스커트 패턴⑩, ⑪ 선택)-우클릭🖱-[팝업창]-[동시 수정 패턴 복제]-[대칭으로 (패턴과 재봉선)] 선택-빈 공간⑫ 좌클릭🖱

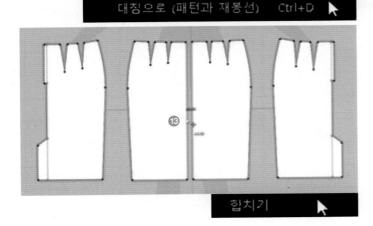

▶ 앞판 패턴 합치기

 점/선 수정-선분⑬ 선택 좌클릭🖱-우클릭🖱-[팝업창]-[합치기] 선택

6) 허리단 만들기

▶ 기초선

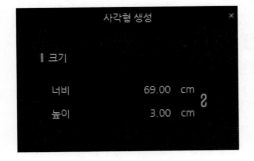 사각형 패턴-빈 공간에 좌클릭🖱-[팝업창]-세부 항목 변경

[사각형 생성]–[너비] 69cm
　　　　　　[높이] 3cm 입력–확인

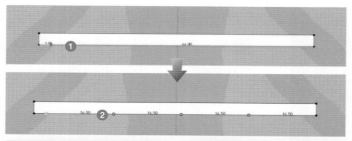

▶ 허리단 둘레 배분

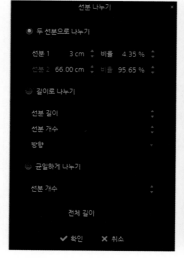

■ 점 추가/선분 나누기-허리선①에 마우스를 올려놓은 상태에서 우클릭🖱-[팝업창]-세부 항목 변경

[선분 나누기]–[두 선분으로 나누기]–[선분 1] 3cm 입력–확인

■ 점 추가/선분 나누기-허리선②에 마우스를 올려놓은 상태에서 우클릭🖱-[팝업창]-세부 항목 변경

[균일하게 나누기]–[선분 개수]–4 입력–확인

7) 스커트 재봉하기

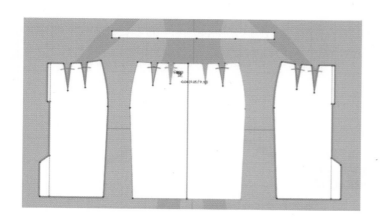

▶ 다트 재봉

■ 선분 재봉-다트 선분을 순서대로 좌클릭🖱

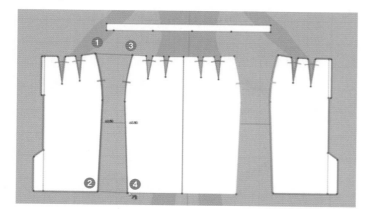

▶ 옆선 재봉

■ 자유 재봉-점① 좌클릭🖱+드래그+점② 좌클릭🖱-점③ 좌클릭🖱+드래그+점④ 좌클릭🖱

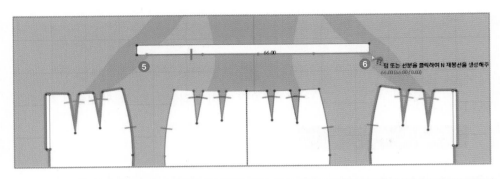

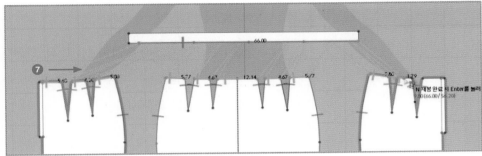

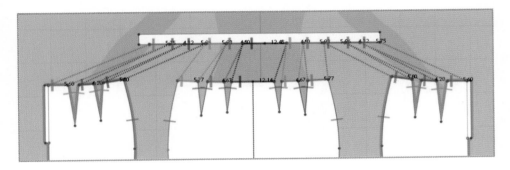

▶ 허리단 재봉

M:N 자유 재봉-점⑤ 좌클릭+드래그+점⑥ 좌클릭- Enter -점⑦부터 순차적으로 허리선 선택(좌클릭+
드래그+좌클릭 반복)- Enter

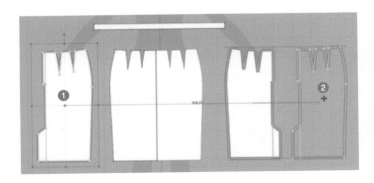

8) 뒤판 내부선 패턴 수정

▶ 뒤판 패턴 이동

패턴 이동/변환-뒤판① 선택 좌클릭+
드래그-② 위치로 이동

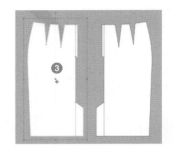

▶ 뒤판 좌·우패턴 동시 수정 해제

◤ 패턴 이동/변환-뒤판③ 좌클릭🖱-패턴 위에 커서 올려놓은 상태에서 우클릭🖱-[팝업창]-[동시 수정 해제] 선택

▶ 좌패턴 내부선분 추가

▦ 점/선 수정-[Shift]+선분④, ⑤ 좌클릭🖱-우클릭🖱-[팝업창]-[내부선분으로 반전 복제]-[기준선]⑥ 좌클릭🖱

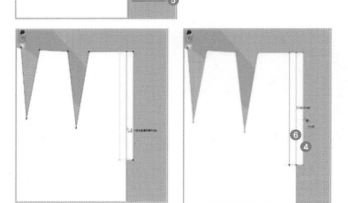

▦ 점/선 수정-[Shift]+선분④, ⑥ 좌클릭🖱-삭제[Delete]

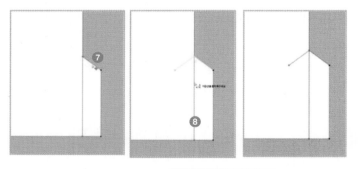

▶ 뒤트임 내부선분 추가[좌패턴]

▦ 점/선 수정-선분⑦ 선택 좌클릭🖱-우클릭🖱-[팝업창]-[내부선분으로 반전 복제]-[기준선]⑧ 좌클릭🖱

▶ 뒤트임 내부선분 삭제[우패턴]

▦ 점/선 수정-선분⑨ 좌클릭🖱-삭제[Delete]

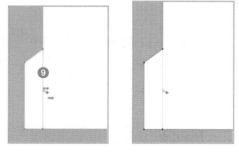

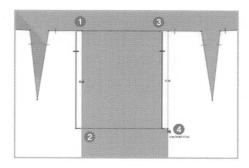

9) 스커트 재봉하기-2

▶ 뒤지퍼 부위 재봉

🖱 자유 재봉-점① 좌클릭🖱+드래그+점②
좌클릭🖱-점③ 좌클릭🖱+드래그+점④ 좌클
릭🖱

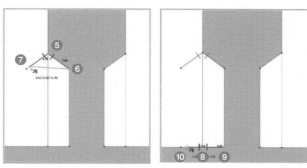

▶ 뒤트임 재봉

🖱 자유 재봉-점⑤ 좌클릭🖱+드래그+점⑥ 좌
클릭🖱-점⑤ 좌클릭🖱+드래그+점⑦ 좌클릭🖱

🖱 자유 재봉-점⑧ 좌클릭🖱+드래그+점⑨
좌클릭🖱-점⑧ 좌클릭🖱+드래그+점⑩ 좌클
릭🖱 (가이드 점까지)

* 가이드 점: 기준 선분과 동일한 길이를 파란색 점으
로 표시한다.

▶ 뒤중심 재봉

🖱 자유 재봉-점⑪ 좌클릭🖱+드래그+점⑫
좌클릭🖱-점⑬ 좌클릭🖱+드래그+점⑭ 좌클
릭🖱

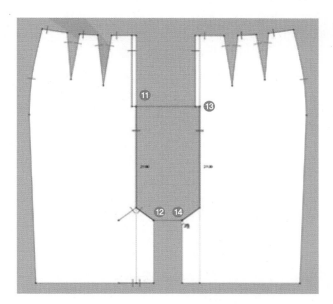

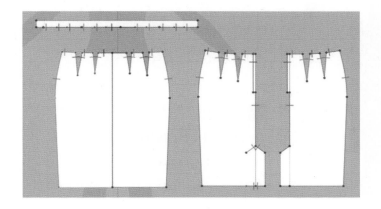

▶ 재봉선 확인

- 너치 방향 확인
- 재봉선이 반대일 경우 p.46의 재봉선 수정
  참고

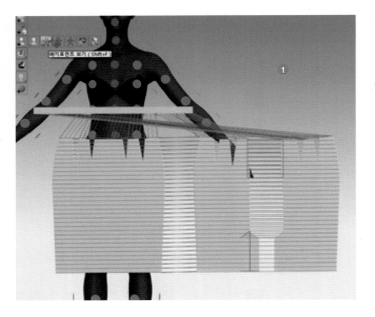

10) 타이트 스커트 착장 [3D창]

▶ 패턴 배치화면 설정[3D창]

🔳 2D 패턴창 상태로 재배치-좌클릭🖱

▶ 패턴 배치

👤 아바타 보기-🧍 배치포인트 선택

배경①에 커서 올려놓은 상태에서 우클릭🖱
-[팝업창]-[앞 2] 클릭 또는 2

➕ 선택/이동-패턴 선택-배치포인트 클릭

▶ 앞판 & 허리단 패턴 배치

앞판 선택-배치포인트② 선택

허리단 선택-배치포인트③ 선택

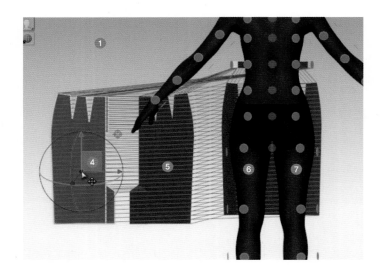

▶ 뒤판 패턴 배치

배경①에 커서 올려놓은 상태에서 우클릭🖱
-[팝업창]-[뒤 8] 클릭 또는 8

➕ 선택/이동-패턴 선택-배치포인트 클릭
뒤판④ 선택-배치포인트⑦ 선택
뒤판⑤ 선택-배치포인트⑥ 선택

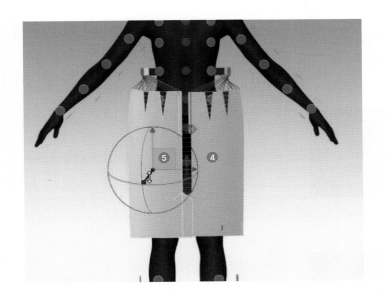

뒤판⑤ 선택-기즈모의 Z축(파란색)을 활용하
여 뒤판④보다 앞쪽으로 이동

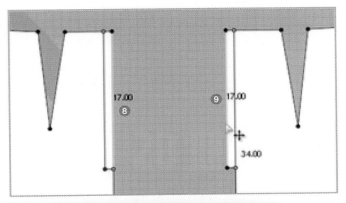

▶ 전체 심지 부착

▨ 점/선 수정-선분⑧, ⑨ 선택-[속성창]-[선
택 선분]-[심지 테이프] On 체크

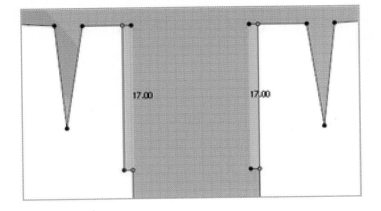

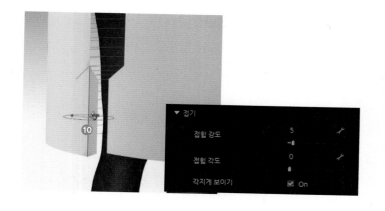

▶ 뒤트임 각도 조절

접어 배치-기준선⑩ 선택-기즈모를 활용
하여 접힘 각도 조절 또는 [속성창] 수치 입
력-[각지게 보이기] On 체크

▼ 접기

접힘 강도   5

접힘 각도   0

각지게 보이기   ☑ On

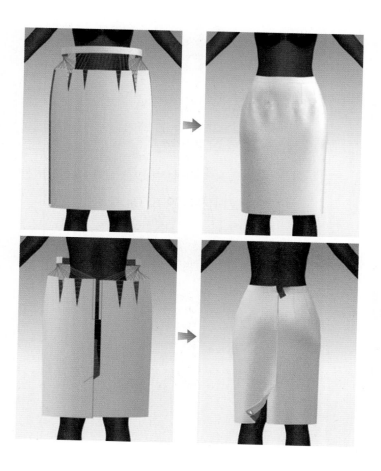

▶ 시뮬레이션

시뮬레이션-의상 착장

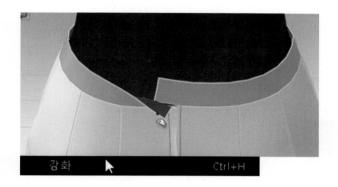

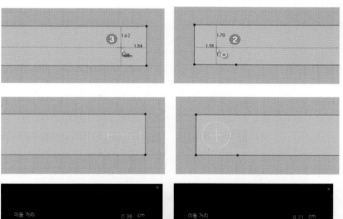

11) 단추 & 단춧구멍 추가

▶ 허리단 전체 심지 부착

선택/이동-허리단① 선택-[속성창]-[본딩/스카이빙]-[심지 접착/본딩]-On 체크

▶ 허리단 강화

선택/이동-허리단① 선택-우클릭-[팝업창]-[강화] 클릭

▶ 단추 추가

단추-2D창의 패턴②에 커서를 올려놓은 상태에서 우클릭-[팝업창]-세부 항목 변경

[배치]-[왼쪽], [위], [아래] 1.5cm 입력-확인

▶ 단춧구멍 추가

단춧구멍-2D창의 패턴③에 커서를 올려놓은 상태에서 우클릭-[팝업창]-세부 항목 변경

[배치]-[오른쪽], [위], [아래] 1.5cm 입력-확인

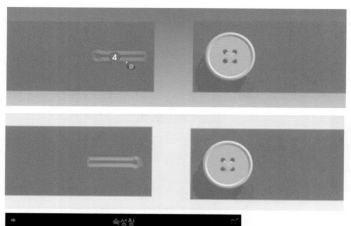

▶ 단춧구멍 방향 변경

🔲 단추/단춧구멍 수정-단춧구멍④ 좌클릭
🖱-[속성창]-세부 항목 변경

[회전 각도] 180° 입력

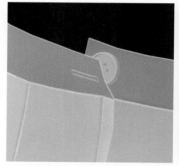

▶ 단추 잠그기

🔲 단추 잠그기-단추 좌클릭🖱 선택-단춧구
멍 좌클릭🖱 선택-⬇ 시뮬레이션

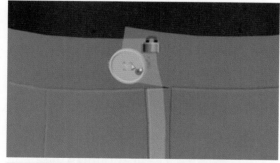

▶ 허리단 강화 해제

🔲 선택/이동-허리단① 선택-우클릭🖱-[팝
업창]-[강화 해제] 클릭

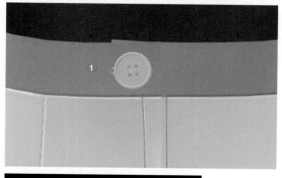

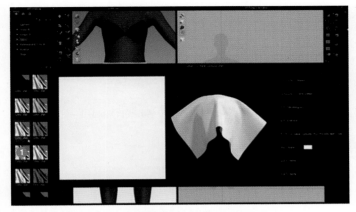

12) 원단 물성 & 색상 변경

▶ 원단 물성 변경

[라이브러리창]-[Fabric]-[Cotton_14_Wale_Corduroy]①소재 선택하여 [물체창]-[원단]에 드래그&드롭②

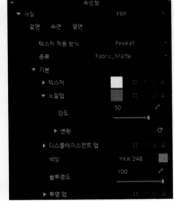

▶ 원단 색상 변경

[물체창]-[Cotton_14_Wale_Corduroy]② 선택-[속성창]-[재질]-[기본]-[색상] 선택-[팝업창] 원단 색상 선택-확인

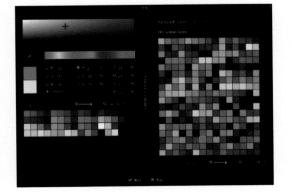

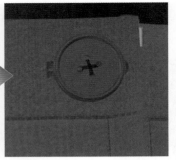

13) 단추 & 단춧구멍 물성 및 색상 변경

▶ 단추 물성 및 색상 변경

[물체창]-  단추① 선택-[Default Button]② 선택

[속성창]-[종류] 단추의 종류 및 규격 변경

[속성창]-[재질]-[단추] 재질 종류 및 색상 변경

[속성창]-[재질]-[실]-[단추와 동일한 재질 사]-Off 체크-재질 종류 및 색상 변경

▶ 단춧구멍 색상 변경

[물체창]-  단춧구멍③ 선택-[Default Buttonhole]④ 선택

[속성창]-[종류] 단춧구멍의 종류 및 너비 변경

[속성창]-[재질]-[단춧구멍] 재질 종류 및 색상 변경

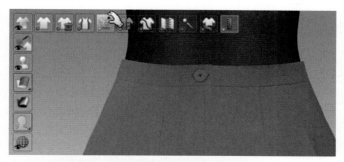

14) 뒤 지퍼 스티치

▶ 내부도형 숨기기

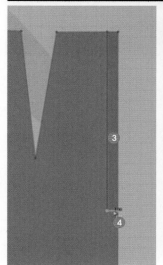 선택/이동-[내부도형 보기] Off

▶ 스티치 세부속성

[물체창]-  탑스티치① 선택-[Default Topstitch]② 선택-[속성창]-세부 항목 변경

[간격] 0″
[탑스티치 개수] 1
[규격]-[길이 (SPI)] SPI-7
　　　　[간격 (cm)] 0.2
　　　　[실 두께 (Tex)] 150

[재질]-[색상] 변경

선분 탑스티치- Shift +선분③, ④ 좌클릭

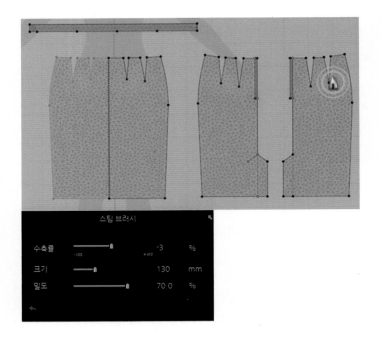

15) 다림질 & 완성도 높이기

▶ 다림질

스팀-[스팀 브러시]-다트 끝부분 모두 좌
클릭

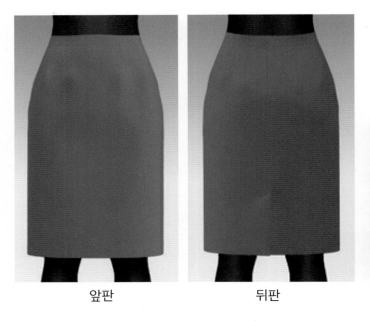

앞판   뒤판

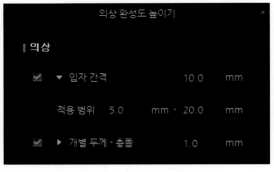

▶ 의상 완성도 높이기

의상 완성도 높이기-입자 간격 10mm 확인- 시뮬레이션

2D 패턴 이미지

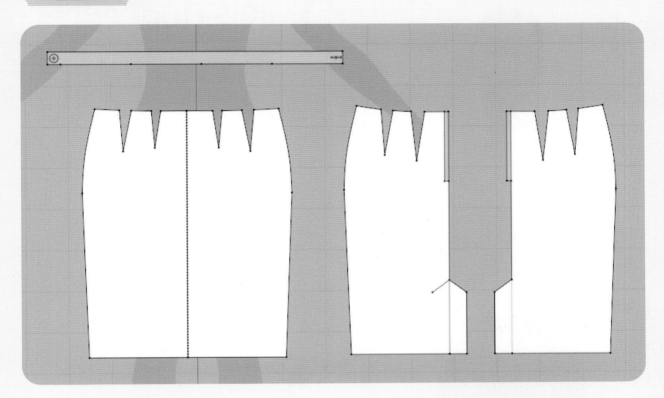

3D 렌더링 이미지

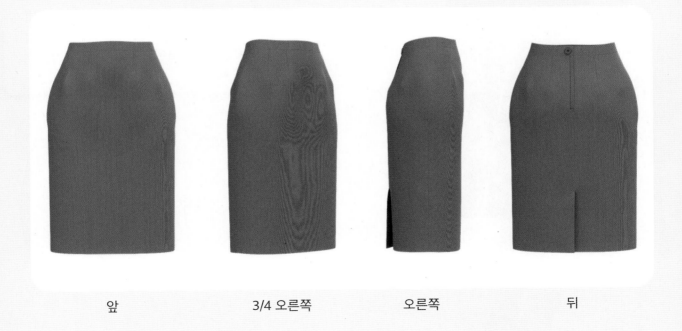

| 앞 | 3/4 오른쪽 | 오른쪽 | 뒤 |

2 고어드(10p) 스커트
Gored Skirt

* 옆_콘솔지퍼는 생략됨

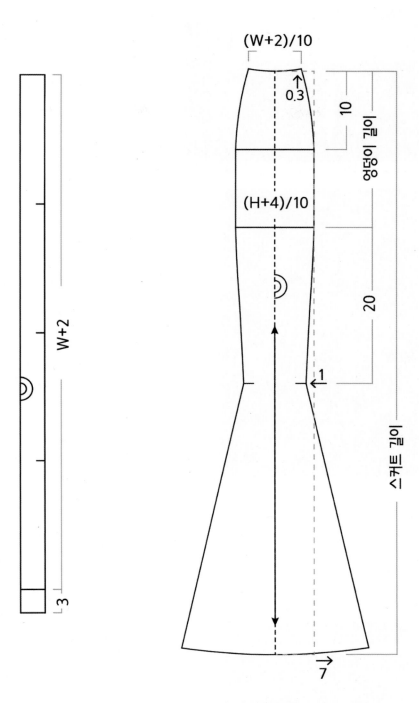

(W+2)/10

0.3

10

엉덩이 길이

(H+4)/10

20

1

W+2

스커트 길이

3

7

패턴제도 치수(cm)	
스커트길이 L	75
허리둘레 W	64
엉덩이둘레 H	94
엉덩이길이	20

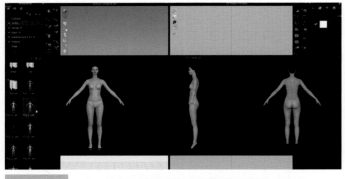

1) 아바타 불러오기

▶ 아바타 파일 열기

[라이브러리창]-[Avatar]-[Female_V2]-아바타를 선택하여 더블 클릭한다.

2) 고어드(10p) 스커트 기초선 제도 (2D창)

▶ 기초선

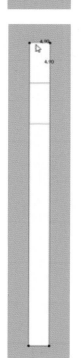

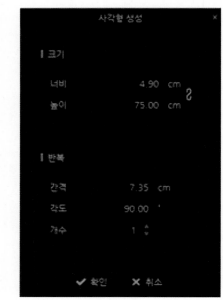

■ 사각형 패턴-빈 공간에 좌클릭🖱️-[팝업창]-세부 항목 변경

[사각형 생성]-[너비] 4.9cm
　　　　　　[높이] 75cm 입력-확인

▶ 엉덩이둘레선

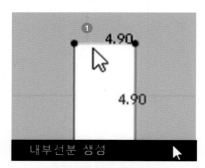

◢ 점/선 수정-허리선①에 마우스를 올려놓은 상태에서 우클릭🖱️-[팝업창]-세부 항목 변경

[내부선분 생성]-[거리]-[선분 개수] 2 입력
[거리] 10cm 입력-확인

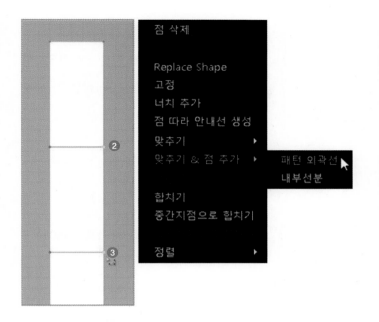

▶ 선분 나누기[점 추가]

점/선 수정- Shift +점②, ③ 좌클릭-우클릭-[팝업창]-[맞추기＆점 추가]-[패턴 외곽선] 선택

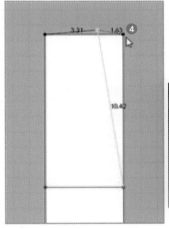

▶ 허리선 ＆ 옆선 수정

점/선 수정-점④ 선택-좌클릭+드래그한 상태에서 우클릭-[팝업창]-세부 항목 변경

[이동 거리]-[선분 1]-[X축] −1.6cm
　　　　　　　　　[Y축] 0.3cm 입력-확인

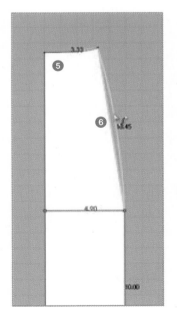
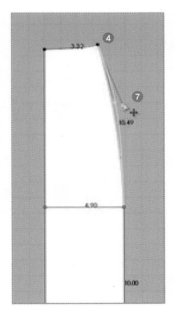

▶ 허리선 ＆ 옆선 곡선 수정

곡률 수정-선분⑤ 선택-좌클릭+드래그하여 곡선으로 수정-선분⑥ 선택-좌클릭+드래그하여 곡선으로 수정

점/선 수정-점④ 선택-핸들바⑦로 곡선 모양 수정

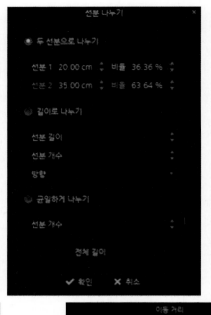

▶ 점 추가

🔲 점 추가/선분 나누기-옆선⑧에 마우스를 올려놓은 상태에서 우클릭🖱-[팝업창]-세부 항목 변경

[선분 나누기]–[두 선분으로 나누기]–[선분 1] 20cm 입력–확인

🔲 점/선 수정-점⑨를 좌클릭🖱-방향키 ◀ 클릭(1cm 이동)

＊ 방향키는 한 번 클릭할 때마다 1cm씩 이동한다.

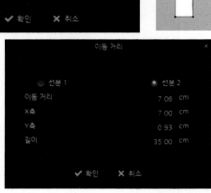

▶ 밑단 플레어 수정

🔲 점/선 수정-점⑩ 선택-좌클릭🖱+드래그 한 상태에서 우클릭🖱-[팝업창]-세부 항목 변경

[이동 거리]–[선분 2]–[X축] 7cm
　　　　　　　　　[길이] 35cm 입력–확인

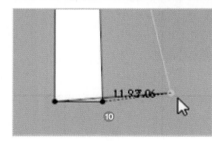

▶ 허리선 & 옆선 곡선 수정

🔲 곡률 수정-선분⑪ 선택-좌클릭🖱+드래그 하여 곡선으로 수정

🔲 점/선 수정-점⑫ 선택-핸들바로 곡선 모양 수정

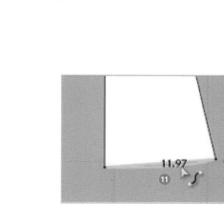

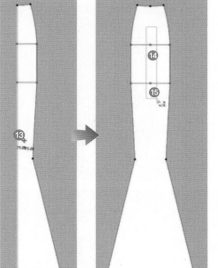

▶ 골 펴기

점/선 수정-선분⑬ 선택 좌클릭🖰-우클릭
🖰-[팝업창]-[골 펴기] 선택

▶ 내부선 삭제

점/선 수정-점⑭, ⑮ 선택 좌클릭🖰+드래
그-삭제 [Delete]

3) 고어드(10p) 스커트 재봉

▶ 동시 수정 패턴으로 복제

패턴 이동/변환-패턴① 선택 좌클릭🖰-우
클릭🖰-[팝업창]-[동시 수정 패턴 복제]-[같은
방향으로 (패턴)] 선택

* 반복하여 10p 복제한다.

▶ 허리단

사각형 패턴-빈 공간에 좌클릭🖰-[팝업
창]-세부 항목 변경

[사각형 생성]-[너비] 66cm
          [높이] 3cm 입력-확인

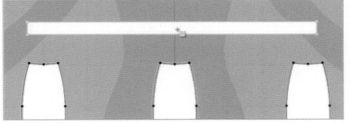

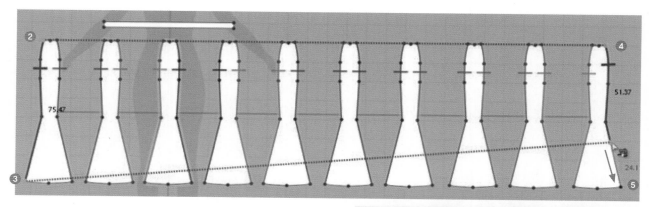

▶ 패턴의 절개선 & 옆선 재봉

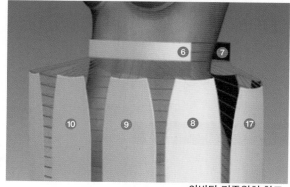

아바타 기준위치 참고

■ 자유 재봉-점② 좌클릭🖱+드래그+
점③ 좌클릭🖱-점④ 좌클릭🖱+드래그+점
⑤ 좌클릭🖱

* 나머지 절개선과 옆선도 동일하게 재봉한다.

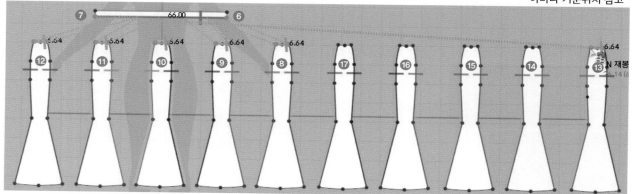

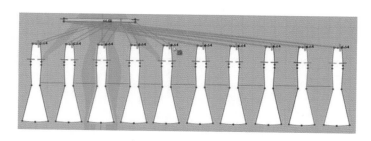

▶ 허리단 재봉

■ M:N 자유 재봉-점⑥ 좌클릭🖱+드래그+점
⑦ 좌클릭🖱- Enter -점⑧부터 순차적으로 허리선
선택(좌클릭🖱+드래그+좌클릭🖱 반복)- Enter

* 아바타 기준으로 입어서 왼쪽에 여밈

▶ 허리단 옆선 재봉

■ 선분 재봉-선분⑱, ⑲ 좌클릭🖱

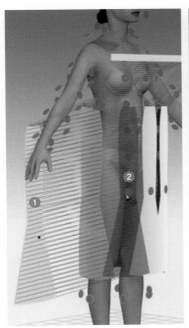

4) 고어드(10p) 스커트 착장 (3D창)

▶ 패턴 배치

🔴 배치포인트 선택-패턴 선택-패턴의 중심

을 기준으로 배치포인트 클릭

예: 패턴① 클릭-배치포인트② 클릭

　　　패턴③ 클릭-배치포인트④ 클릭

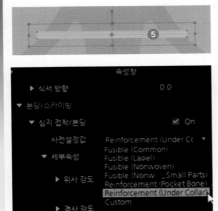

▶ 허리단 전체 심지 부착

🔲 선택/이동-허리단⑤ 선택-[속성창]-[본딩/

스카이빙]-[심지 접착/본딩] On 체크-[사전설

정값]-Reinforcement (Under Collar)-세부

속성 조절

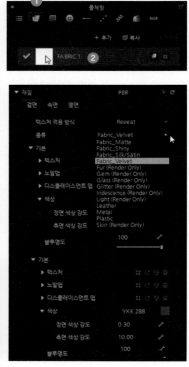

5] 원단 물성 & 색상 변경

▶ 원단 재질 변경

[물체창]-[원단]① 선택-[FABRIC 1]② 선택-[속
성창]-[재질]-[종류]-[Fabric_Velvet] 선택

▶ 원단 색상 변경

[물체창]-[FABRIC 1]② 선택-[속성창]-[재
질]-[기본]-[색상] 선택-[팝업창] 원단 색상 선
택-확인

▶ 원단 물성 변경

[물체창]-[FABRIC 1]② 선택-[속성창]-[물
성]-[사전설정값]-[Cotton_Stretch_Velvet]
선택

[세부속성]-[굽힘 강도 (위사)] 40
　　　　　[굽힘 강도 (경사)] 40 입력

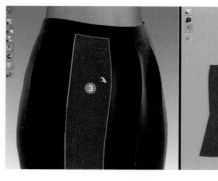
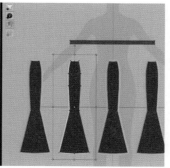

6) 패턴 부분 수정

[3D창]에서 수정할 패턴③을 선택하면 [2D창]에 파란색 점으로 패턴 및 위치가 표기된다.

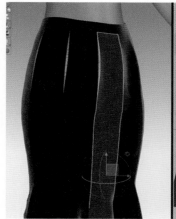
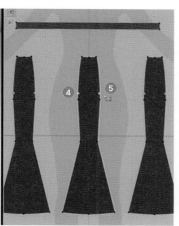
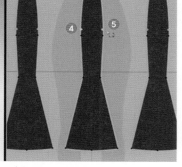

▶ 중힙점 이동

■ 점/선 수정- Shift +중힙점④, ⑤ 좌클릭🖱-드래그한 상태에서 우클릭🖱-[팝업창]-세부항목 변경

[이동거리] −5cm 입력 - 확인

■ 점/선 수정-중힙점④ 좌클릭🖱-핸들바를 조절하여 곡선 수정(중힙점⑤도 동일하게 수정)

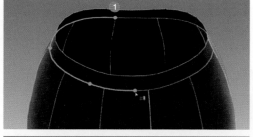

7) 파이핑 추가하기

▶ 파이핑 추가

■ 파이핑-허리둘레선① 좌클릭🖱-점선을 따라 드래그-시작점①에서 더블 클릭

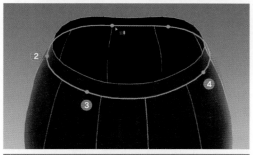

* 방향을 벗어나지 않도록 점선을 따라 점을 추가②, ③, ④(좌클릭🖱)하며 드래그한다.

■ 시뮬레이션

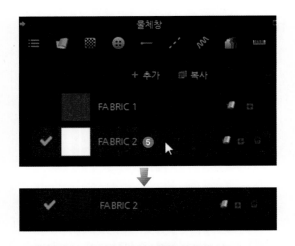

▶ 파이핑 색상 변경-1

[물체창]-[+추가] 클릭하여 [FABRIC 2]⑤ 추가-[속성창]-세부 항목 변경

[재질]-[겉면]-[종류]-[Fabric_Velvet] 선택
　　[기본]-[색상] 원단 색상 변경-확인

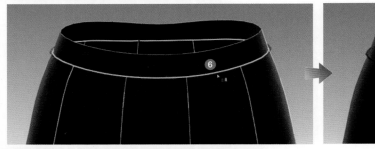

▶ 파이핑 색상 변경-2

■ 파이핑 수정-파이핑⑥ 좌클릭🖱-[속성창]-세부 항목 변경

[원단]-[FABRIC 2] 선택

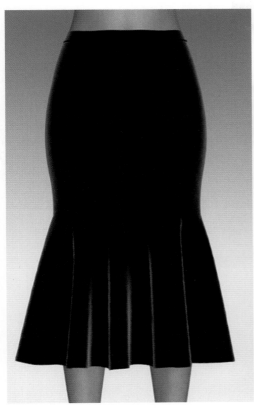

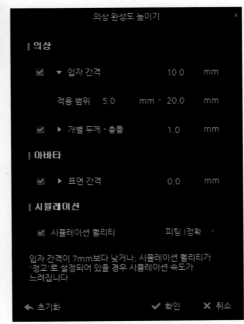

▶ 의상 완성도 높이기

 의상 완성도 높이기-입자 간격 10mm 확인- 시뮬레이션

2D 패턴 이미지

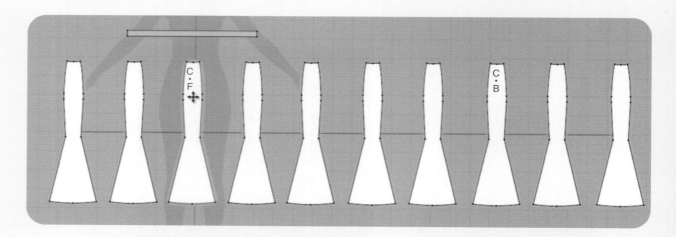

3D 렌더링 이미지

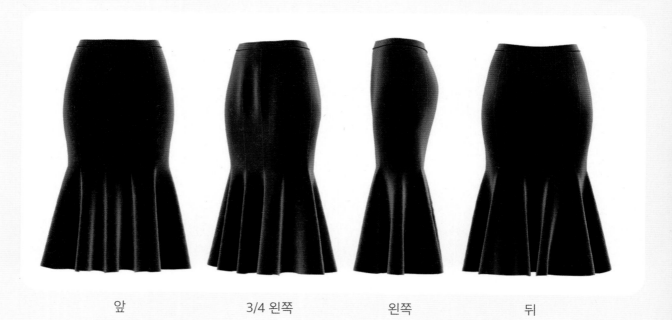

| 앞 | 3/4 왼쪽 | 왼쪽 | 뒤 |

CHAPTER
04

DXF 파일 활용

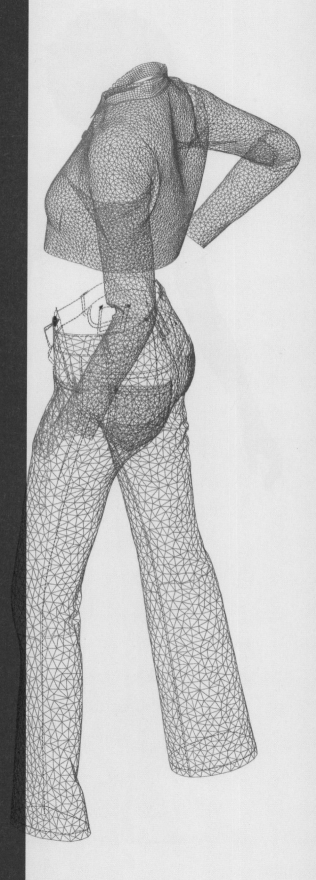

1 트레이닝 팬츠
Training Pants

key point

- 허리밴딩(고무줄) 만들기
- 스트링 추가하기
- 주머니 재봉하기
- 와펜 & 그래픽 추가하기
- 탑스티치 추가하기

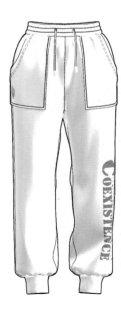

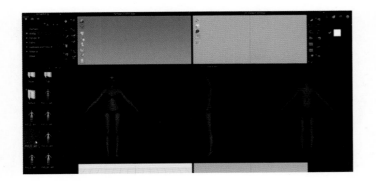

1) 아바타 & 패턴 불러오기

▶ 아바타 불러오기

[라이브러리창]-[Avatar]-[Female_V2]
-아바타를 선택하여 더블 클릭한다.

▶ 라이브러리창에 폴더 추가

[라이브러리창]-[추가➕]① 선택-[트레이닝 팬츠] 폴더를 선택하여 추가한다.

▶ DXF 파일 불러오기

[트레이닝 팬츠.dxf]②를 더블 클릭 또는 [2D 창]에 드래그&드롭-[DXF 불러오기] 옵션 설정-확인

2) 패턴 정리하기 (2D창)

▶ 패턴 배치

◤ 패턴 이동/변환-[2D창]의 아바타 그림자에 앞판을 기준으로 배치한다(다음 페이지 참고).

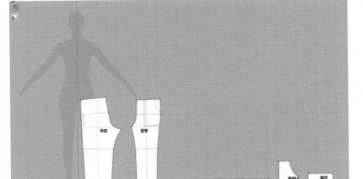

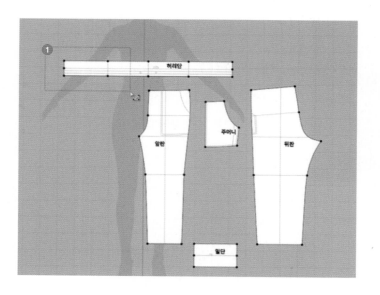

▶ 허리단 부분 삭제-1

🔲 점/선 수정-영역① 좌클릭🖱+드래그(점) 선택-삭제 Delete

* 허리단 1/2을 선 재봉하기 위하여 아바타 실루엣 기준으로 오른쪽은 삭제한다.

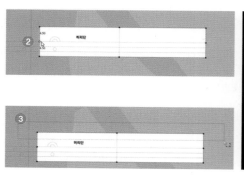

▶ 점 추가

🔲 점 추가/선분 나누기-허리단의 앞중심선 ②에 마우스를 올려놓은 상태에서 우클릭🖱 -[팝업창]-세부 항목 변경

[선분 나누기]-[균일하게 나누기]-[선분 개수] 2 입력-확인

▶ 허리단 부분 삭제-2

🔲 점/선 수정-영역③ 좌클릭🖱+드래그-점/ 선 선택-삭제 Delete

▶ 기초선을 내부선으로 변경

🔲 트레이스- Shift +(노란색) 선분들 좌클릭🖱 - Enter

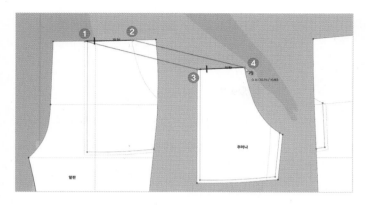

3) 주머니 재봉하기

▶ 앞주머니 재봉-1

🖱️ 자유 재봉-점① 좌클릭🖱️+드래그+점② 좌클릭🖱️-점③ 좌클릭🖱️+드래그+점④ 좌클릭🖱️

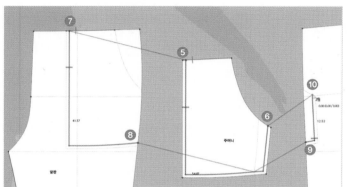

▶ 앞주머니 재봉-2

🖱️ M:N 자유 재봉-점⑤ 좌클릭🖱️+드래그+점⑥ 좌클릭🖱️- Enter -점⑦~⑩까지 순서대로 선택(좌클릭🖱️+드래그+좌클릭🖱️ 반복)- Enter

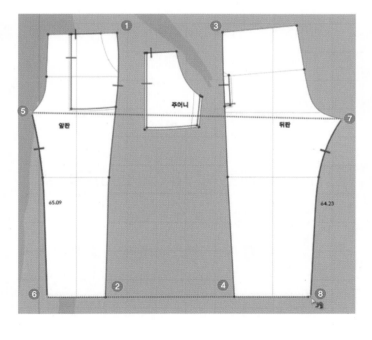

4) 옆선 & 안솔기 재봉하기

▶ 옆선 재봉

🖱️ 자유 재봉-점① 좌클릭🖱️+드래그+점② 좌클릭🖱️-점③ 좌클릭🖱️+드래그+점④ 좌클릭🖱️

▶ 안솔기 재봉

🖱️ 자유 재봉-점⑤ 좌클릭🖱️+드래그+점⑥ 좌클릭🖱️-점⑦ 좌클릭🖱️+드래그+점⑧ 좌클릭🖱️

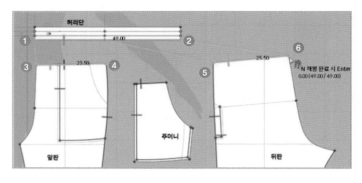

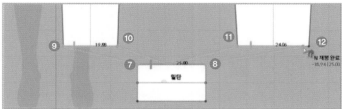

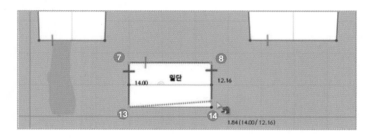

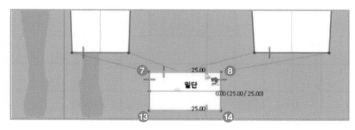

5) 허리단 & 밑단 재봉하기

▶ 허리단 재봉

M:N 자유 재봉-점① 좌클릭+드래그+점② 좌클릭- Enter -점③~⑥까지 순서대로 선택(좌클릭+드래그+좌클릭 반복)- Enter

▶ 밑단 재봉

M:N 자유 재봉-점⑦ 좌클릭+드래그+점⑧ 좌클릭- Enter -점⑨~⑫점까지 순서대로 선택(좌클릭+드래그+좌클릭 반복)- Enter

자유 재봉-점⑦ 좌클릭+드래그+점⑬ 좌클릭-점⑧ 좌클릭+드래그+점⑭ 좌클릭

자유 재봉-점⑧ 좌클릭+드래그+점⑦ 좌클릭-점⑭ 좌클릭+드래그+점⑬ 좌클릭

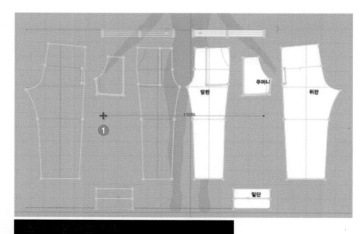

6) 패턴 복제 & 허리단 고무줄 추가

▶ 대칭으로 패턴 복제

패턴 이동/변환- Shift +좌클릭(전체 패턴 선택)-우클릭-[팝업창]-[동시 수정 패턴 복제]-[대칭으로 (패턴과 재봉선)] 선택-드래그&드롭①

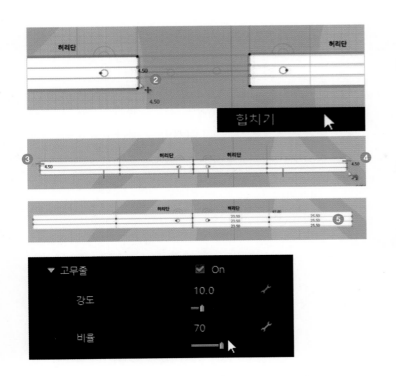

▶ 허리단 패턴 합치기

📐 점/선 수정-선분② 좌클릭🖱️-우클릭🖱️ -[팝업창]-[합치기] 선택

▶ 허리단 뒤중심선 재봉

📑 선분 재봉-선분③과 선분④를 재봉

▶ 허리단 고무줄 추가

📐 점/선 수정- Shift +(노란색) 선분들⑤ 좌클릭🖱️ 선택-[속성창]-[선분 선택]-[고무줄] On 체크-비율 70% 입력

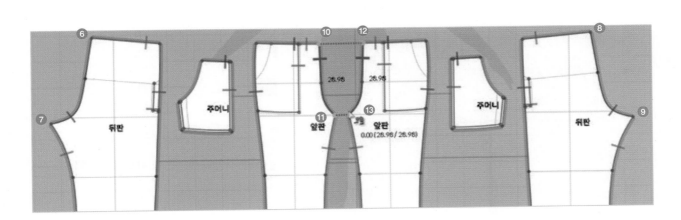

▶ 뒤중심선 재봉

📑 자유 재봉-점⑥ 좌클릭🖱️+드래그+점⑦ 좌클릭🖱️-점⑧ 좌클릭🖱️+드래그+점⑨ 좌클릭🖱️

▶ 앞중심선 재봉

📑 자유 재봉-점⑩ 좌클릭🖱️+드래그+점⑪ 좌클릭🖱️-점⑫ 좌클릭🖱️+드래그+점⑬ 좌클릭🖱️

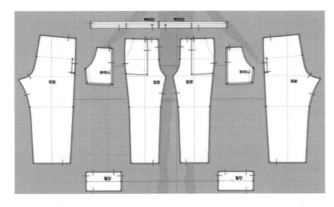

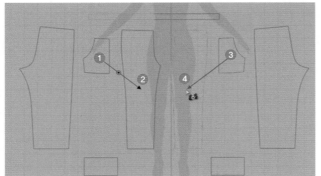

7) 트레이닝 팬츠 착장

▶ 패턴 서브레이어 설정

서브레이어 설정-2D창에서 패턴① 좌클릭+패턴② 좌클릭-패턴③ 좌클릭+패턴④ 좌클릭

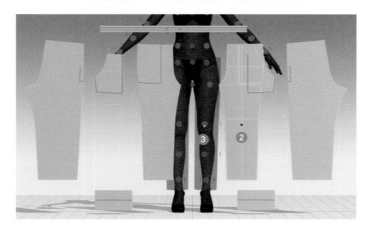

▶ 패턴 배치화면 설정(3D창)

2D 패턴창 상태로 재배치-좌클릭

▶ 패턴 배치화면 설정

아바타 보기- 배치포인트 선택

배경①에 커서 올려놓은 상태에서 우클릭-[팝업창]-[앞 2] 클릭 또는 2

▶ 재봉선 숨기기

재봉선 보기-선택 해제

▶ 앞판 배치

선택/이동-패턴② 선택-배치포인트③ 클릭

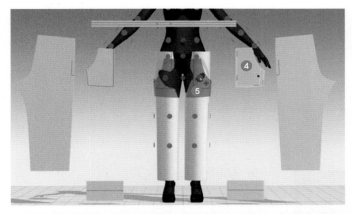

▶ 주머니 배치

선택/이동-패턴④ 선택-배치포인트⑤ 클릭

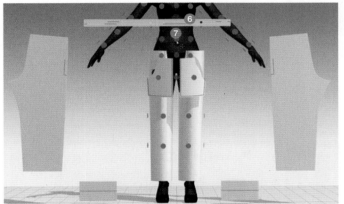

▶ 허리단 배치

선택/이동-패턴⑥ 선택-배치포인트⑦ 클릭

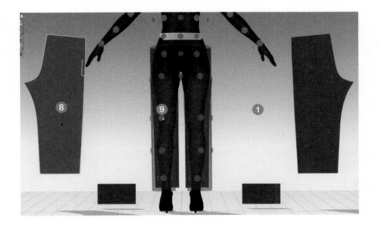

▶ 뒤판 배치

배경①에 커서 올려놓은 상태에서 우클릭🖱
-[팝업창]-[뒤 8] 클릭 또는 8

선택/이동-패턴⑧ 선택-배치포인트⑨ 클릭

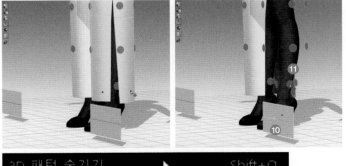

▶ 패턴 숨기기

선택/이동-앞·뒤판 패턴 선택-우클릭🖱
-[팝업창]-[3D 패턴 숨기기] 선택

▶ 밑단 배치

선택/이동-밑단⑩ 선택-배치포인트⑪ 클릭

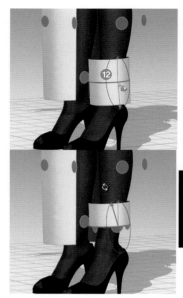

▶ 밑단 접기

🔲↘ 접어 배치-선분⑫ 좌클릭🖱-기즈모를 드
래그하여 접기-[속성창]-[접기]-[접힘 각도]
0°-[각지게 보이기] On 체크

▶ 앞·뒤판 패턴 보기

👕 의상 보기-선택

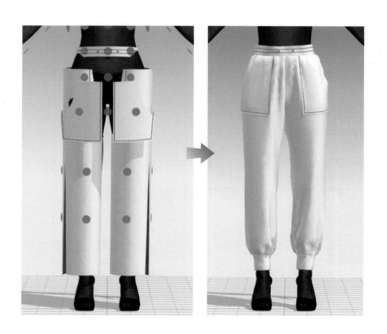

▶ 시뮬레이션

⬇ 시뮬레이션-의상 착장

▶ 재봉선 보기

📕 재봉선 보기-선택

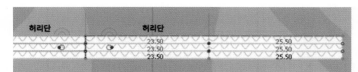

8) 셔링 표현 & Hole 처리

▶ 허리단 셔링 표현

 점/선 수정- Shift +(노란색) 선분들을 모두 좌클릭 하여 선택-[속성창]-세부 항목 변경

[셔링 표현] On 체크
[조밀도] 1cm 입력
[높이] 1.5cm 입력
[연장] On 체크
[방향] A 선택

[시뮬레이션 속성]-[입자 간격] 5mm 입력

두꺼운 텍스처-선택

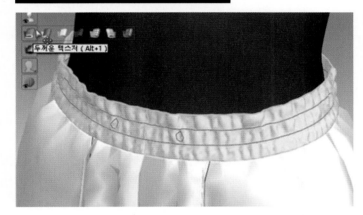

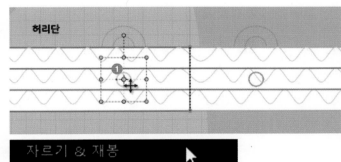

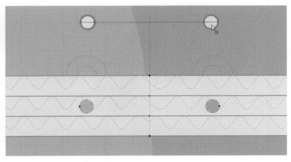

▶ Hole 처리

패턴 이동/변환-Hole① 좌클릭-패턴 위에 커서 올려놓은 상태에서 우클릭-[팝업 창]-[자르기 & 재봉] 선택

[물체창]-[+추가]-[FABRIC 2]를 Hole 패턴에 드래그&드롭

[속성창]-[재질]-[불투명도] 0% 입력

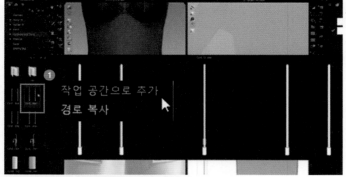

9) 허리끈(Cord & Cord End-Bar) 추가

▶ 허리끈(Cord) 추가

[라이브러리창]-[Hardware and Trims]-[Cords & Cord Ends]-[Cord_2.zpac]① 선택-우클릭-[작업 공간으로 추가] 선택-[의상 추가] 확인

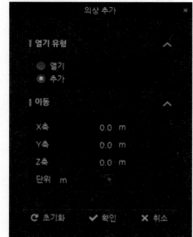

▶ 허리끈(Cord) 두께 보기

두꺼운 텍스처-선택

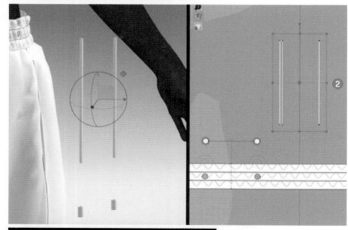

▶ 허리끈(Cord) 너비 조절(2D창)

패턴 이동/변환-허리끈 선택-X축 변형점 ② 좌클릭+드래그한 상태에서 우클릭-[팝업창]-세부 항목 변경

[변형]-[치수]-[너비] 0.5cm 입력

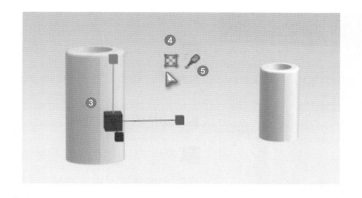

▶ Cord End-Bar 사이즈 조절(3D창)

선택/이동-Cord End-Bar③ 좌클릭+ 스케일 버튼④ 선택-기즈모의 X(빨간색), Y(연두색), Z(파란색)축을 클릭+드래그-크기 조절

▶ Cord End-Bar 고정

고정 버튼⑤ 좌클릭-허리끈의 끝부분 좌클릭-스케일 버튼④ 선택(기즈모 변경)-위치 조정

▶ 수정된 Cord End-Bar 복사

Cord End-Bar⑥-삭제 Delete
Cord End-Bar⑦ 좌클릭-우클릭-[팝업창]-[복사] 선택-우클릭-[팝업창]-[붙여넣기] 선택-허리끈의 끝부분⑧ 좌클릭-위치 조정

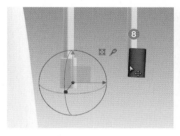

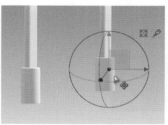

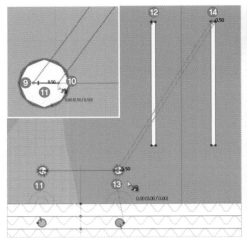

▶ 내부선분 추가

⬛ 내부 다각형/선분 생성-점⑨
좌클릭🖱, 점⑩ 더블 클릭

▶ 허리끈(Cord) 재봉

⬛ 자유 재봉-선분⑪과 선분⑫
재봉, 선분⑬과 선분⑭ 재봉

* 끈 너비와 동일한 간격으로 재봉한다.

10) 주머니 & 밑단 수정

▶ 주머니 심지 테이프 추가

⬛ 점/선 수정-선분① 선택-[속성창]-[선택
선분]-[심지 테이프] On 체크

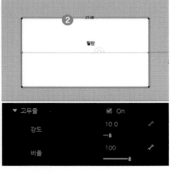

▶ 밑단 수정

⬛ 점/선 수정-커프스 선분② 선택-[속성창]-
세부 항목 변경

[선택 선분]-[고무줄] On 체크
[비율] 100% 입력

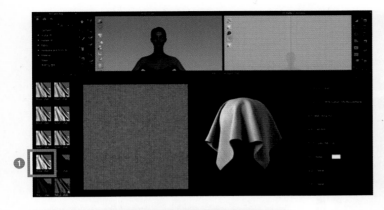

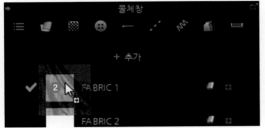

11) 원단 물성 & 원단 색상 변경

▶ 원단 물성 변경

[라이브러리창]-[Fabric]-[Rib_2X2_ 468gsm]
①소재 선택하여 [물체창]-[원단]에 드래그&드롭②

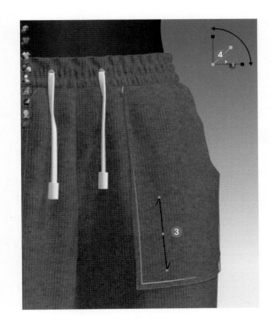

▶ 원단 텍스처 변경

텍스처 수정 (3D)-원단③ 좌클릭 -오른쪽 위의 기즈모④로 텍스처 수정

▶ 원단 색상 변경

[물체창]-[Rib_2X2_468gsm]⑤ 선택-[속성
창]-[재질]-[기본]-[텍스처]⑥ 삭제-[색상] 선
택-[팝업창] 원단 색상 선택-확인

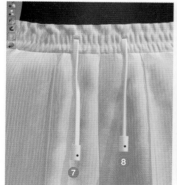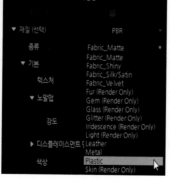

▶ Cord End-Bar 재질 변경

Cord End-Bar⑦, ⑧ 선택-[속성창]-[재질]-
[종류]-[Plastic] 선택

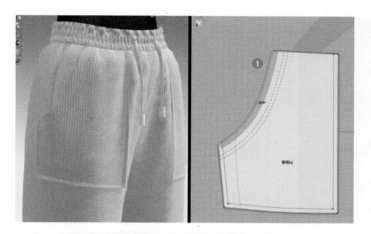

12) 탑스티치 추가

▶ 주머니 탑스티치 추가

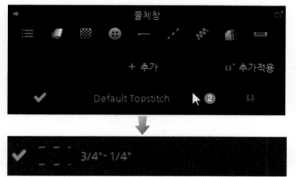

▦ 선분 탑스티치-2D창에서 선분① 좌클릭🖱-[물체창]-[Default Topstitch]② 선택-[3/4"-1/4"] 탑스티치명 변경

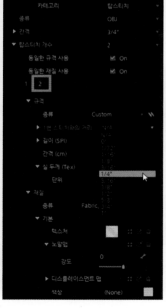

▶ 탑스티치 1의 규격 & 재질 변경

[속성창]-세부 항목 변경

[간격] 3/4″
[탑스티치 개수] 2
■1 선택-[규격]-[길이 (SPI)] SPI-7
          [간격 (cm)] 0.2
          [실 두께 (Tex)] 200
          [재질]-[색상] 변경

▶ 탑스티치 2의 간격 변경

[속성창]-세부 항목 변경

■2 선택-[규격]-[1번 스티치와의 거리] 1/4″
선택

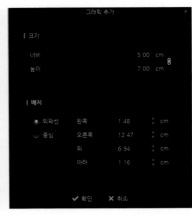

13) 그래픽 추가

▶ 와펜 추가

[라이브러리창]-[트레이닝 팬츠] 더블 클
릭-[와펜.png]① 우클릭🖱-[팝업창]-[그래픽
으로 추가] 선택-[그래픽 추가] 확인

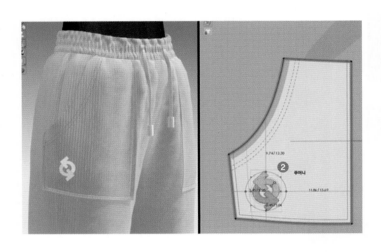

▶ 와펜 사이즈 & 위치 변경

🔳 그래픽 변환-와펜② 선택-기즈모를 활용
하여 사이즈 변경-좌클릭🖱+드래그하여 위치
변경

▶ 로고 그래픽 추가

[라이브러리창]-[트레이닝 팬츠] 더블 클
릭-[공존.png]③ 우클릭🖱-[팝업창]-[그래픽
으로 추가] 선택-[그래픽 추가] 확인

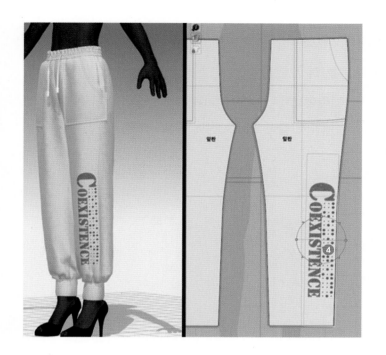

▶ 로고 그래픽 사이즈 & 위치 변경

 그래픽 변환-로고 그래픽④ 선택-기즈모를 활용하여 사이즈 변경-좌클릭+드래그하여 위치 변경

▶ 로고 그래픽 투명도 조절

[물체창]-[공존]⑤ 선택-[속성창]-[불투명도] 70% 입력

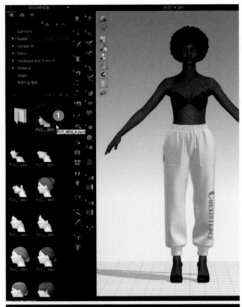

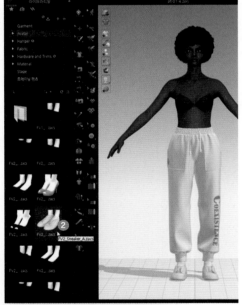

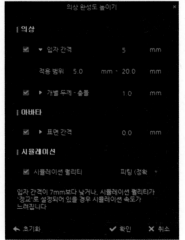

14) 헤어 & 슈즈 변경

▶ 헤어 변경

[라이브러리창]-[Avatar]-[Female_V2]-[Hair]-헤어① 선
택 더블 클릭 또는 3D창에 드래그&드롭

▶ 슈즈 변경

[라이브러리창]-[Avatar]-[Female_V2]-[Shoes]-슈즈②
선택 더블 클릭 또는 3D창에 드래그&드롭

▶ 의상 완성도 높이기

의상 완성도 높이기-입자 간격 5mm 확인- 시뮬레
이션

2D 패턴 이미지

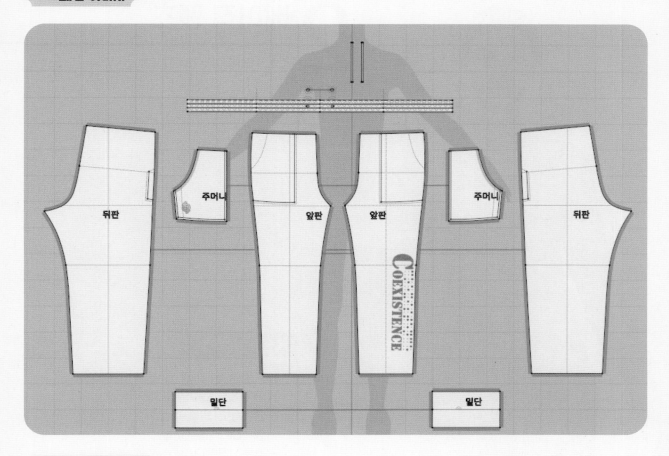

뒤판   주머니   앞판   앞판   주머니   뒤판

밑단   밑단

3D 렌더링 이미지

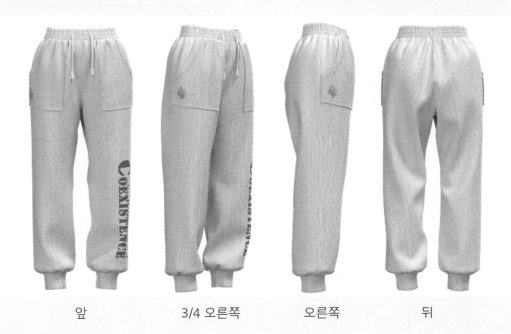

앞   3/4 오른쪽   오른쪽   뒤

2 베이직 팬츠
Basic Pants

key point

- 프론트 플라이(Front ply) 재봉하기
- 단추 & 단춧구멍 추가하기
- 벨트 고리 만들기
- 옆주머니 재봉하기
- 주름선 만들기
- 탑스티치 추가하기

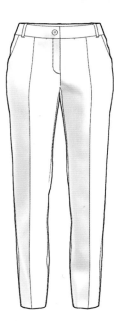

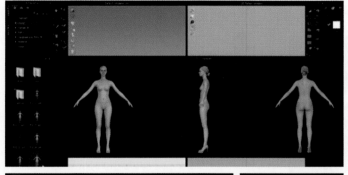

1) 아바타 & 패턴 불러오기

▶ 아바타 불러오기

[라이브러리창]-[Avatar]-[Female_V2]
-아바타를 선택하여 더블 클릭한다.

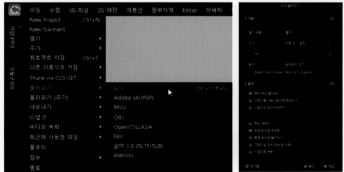

▶ DXF 파일 불러오기

[파일]-[불러오기]-[DXF]-[파일 열기]-[베이직
팬츠.dxf]-[DXF 불러오기] 옵션 설정-확인

2) 패턴 정리하기 (2D창)

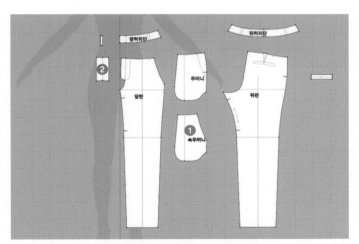

▶ 패턴 배치

◨ 패턴 이동/변환-[2D창]의 아바타 그림자
에 앞판을 기준으로 배치한다.

▶ 속주머니&프론트 플라이 삭제

◨ 패턴 이동/변환- Shift +패턴①, ② 좌클릭
🖱-삭제 Delete

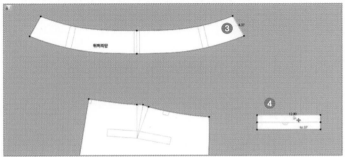

▶ 뒤허리단 & 뒷주머니 부분 삭제

◨ 점/선 수정- Shift +선분③, ④ 좌클릭🖱-삭
제 Delete

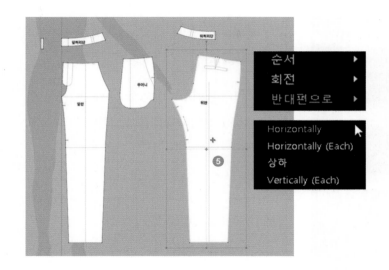

▶ 패턴 좌·우 변경

■ 패턴 이동/변환-뒤판⑤ 좌클릭🖱-우클릭

🖱-[팝업창]-[반대편으로]-[Horizontally] 선택

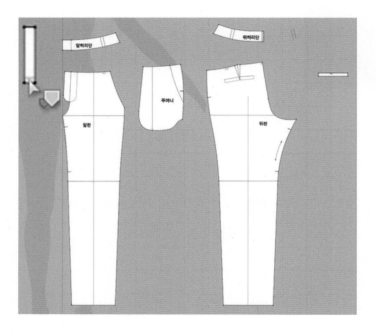

▶ 기초선을 내부선으로 변경

🔳 트레이스- Shift +(노란색) 선분들 좌클릭🖱

- Enter

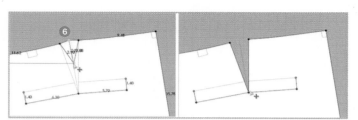

▶ 다트선 수정

■ 점/선 수정-점⑥ 좌클릭🖱+드래그

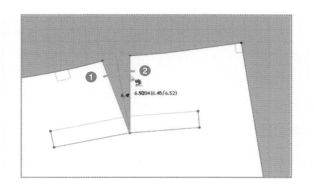

3) 주머니 재봉하기

▶ 다트 재봉

▣ 선분 재봉-선분①과 선분②를 재봉

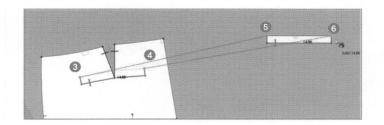

▶ 뒷주머니 재봉

▣ 자유 재봉-점③ 좌클릭🖱+드래그+점④ 좌클릭🖱-점⑤ 좌클릭🖱+드래그+점⑥ 좌클릭🖱

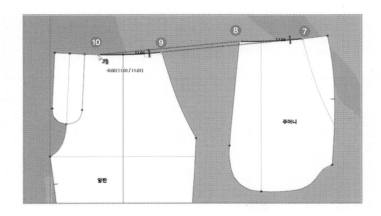

▶ 옆주머니 재봉-1

▣ 자유 재봉-점⑦ 좌클릭🖱+드래그+점⑧ 좌클릭🖱-점⑨ 좌클릭🖱+드래그+점⑩ 좌클릭🖱

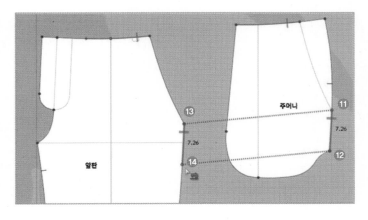

▶ 옆주머니 재봉-2

▣ 자유 재봉-점⑪ 좌클릭🖱+드래그+점⑫ 좌클릭🖱-점⑬ 좌클릭🖱+드래그+점⑭ 좌클릭🖱

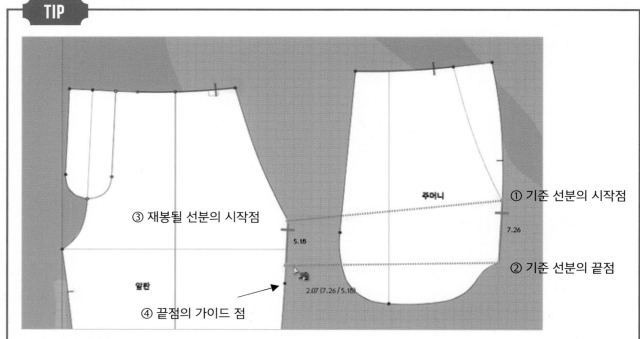

① 기준 선분의 시작점

③ 재봉될 선분의 시작점

7.26

② 기준 선분의 끝점

5.18

④ 끝점의 가이드 점

2.07 (7.26 / 5.18)

자유 재봉 활용법

: 재봉할 두 선분의 길이가 동일하지 않을 경우, 기준이 되는 선분의 시작점과 끝점을 먼저 선택하고 재봉될 선분의
  시작점을 선택하여 드래그하면 동일한 선분 길이 위치에 파란색의 가이드 점이 생성된다.

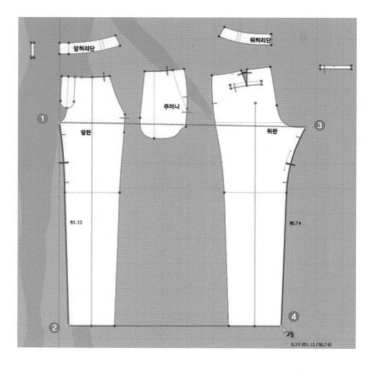

4) 옆선 & 안솔기 재봉하기

▶ 안솔기 재봉

자유 재봉-점① 좌클릭+드래그+점②
좌클릭-점③ 좌클릭+드래그+점④ 좌클
릭

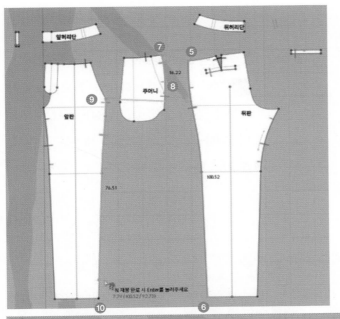

▶ 옆선 재봉

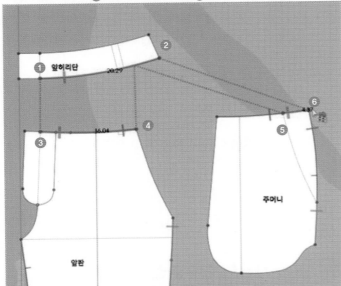 M:N 자유 재봉-점⑤ 좌클릭🖱+드래그+
점⑥ 좌클릭🖱- Enter -점⑦~⑩까지 순서대로
선택(좌클릭🖱+드래그+좌클릭🖱 반복)- Enter

5) 허리단 재봉하기

▶ 앞허리단 재봉

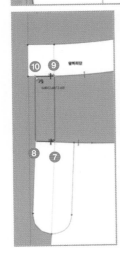 M:N 자유 재봉-점① 좌클릭+드래그+점
② 좌클릭🖱- Enter -점③~⑥까지 순서대로 선
택 (좌클릭🖱+드래그+좌클릭🖱 반복)- Enter

▶ 낸단분 재봉

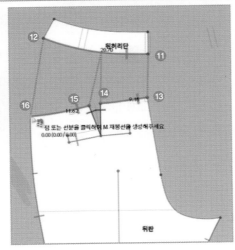 자유 재봉-점⑦ 좌클릭🖱+드래그+점⑧
좌클릭🖱-점⑨ 좌클릭🖱+드래그+점⑩ 좌클
릭🖱 (⑩은 파란색의 가이드 점까지)

▶ 뒤허리단 재봉

M:N 자유 재봉-점⑪ 좌클릭🖱+드래그+
점⑫ 좌클릭🖱- Enter -점⑬~⑯까지 순서대로
선택- Enter

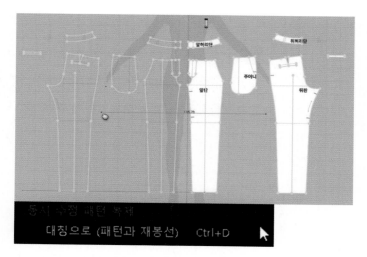

6) 패턴 복제 & 앞·뒤중심선 재봉

▶ 대칭으로 패턴 복제

■ 패턴 이동/변환-좌클릭🖱+드래그(전체 패턴 선택)-우클릭🖱-[팝업창]-[동시 수정 패턴 복제]-[대칭으로 (패턴과 재봉선)] 선택-드래그&드롭

동시 수정 패턴 복제
대칭으로 (패턴과 재봉선)   Ctrl+D   ▶

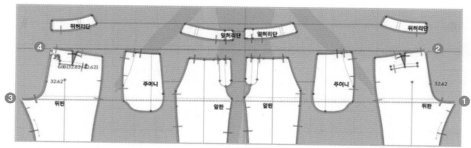

▶ 뒤중심선 재봉

■ 자유 재봉-점① 좌클릭🖱+드래그+점② 좌클릭🖱-점③ 좌클릭🖱+드래그+점④ 좌클릭🖱

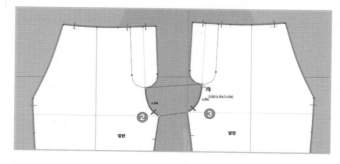

▶ 앞밑위선 재봉

■ 선분 재봉-선분② 좌클릭🖱-선분③ 좌클릭🖱

7) 앞·뒤 주름선 만들기

▶ 앞·뒤 주름선

■ 점/선 수정-Shift+선분①, ② 좌클릭🖱-[속성창]-[접기]-[접힘 각도] 90° 입력-[각지게 보이기] On 체크

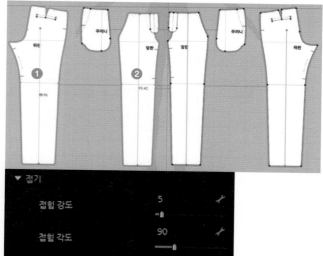

▼ 접기

접힘 강도   5   🔧
접힘 각도   90   🔧
각지게 보이기   ☑ On

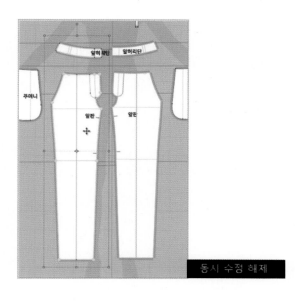

8) 프론트 플라이(Front ply) 재봉

▶ 앞판 동시 수정 해제

▨ 패턴 이동/변환-Shift+좌클릭🖱(앞판, 앞
허리단 선택)-우클릭🖱-[팝업창]-[동시 수정
해제] 선택

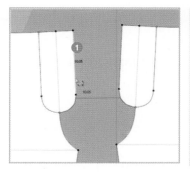 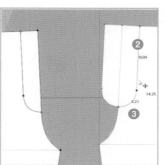

▶ 패턴 부분 수정-1

▨ 점/선 수정-선분① 좌클릭🖱-삭제 Delete

▨ 점/선 수정-Shift+선분②, ③ 좌클릭🖱-삭
제 Delete

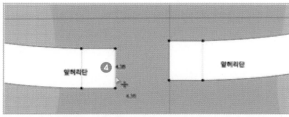

▶ 패턴 부분 수정-2

▨ 점/선 수정-선분④ 좌클릭🖱-삭제 Delete

▶ 오류 재봉선 삭제

▨ 재봉선 수정-재봉선⑤ 좌클릭🖱-삭제 Delete

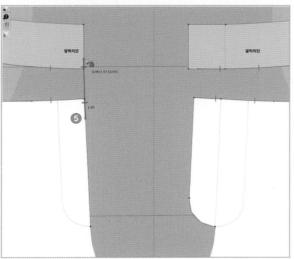

* 재봉 상태인 선분이나 점을 삭제할 경우, 재봉선에
  오류가 생기므로 [재봉선 수정] 툴로 확인한 후에
  수정한다.

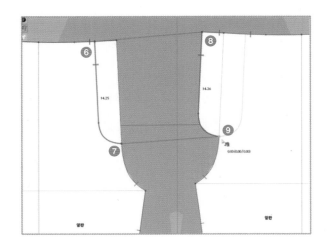

▶ 프론트 플라이 재봉

■ 자유 재봉-점⑥ 좌클릭🖱+드래그+점⑦ 좌클릭🖱-점⑧ 좌클릭🖱+드래그+점⑨ 좌클릭🖱

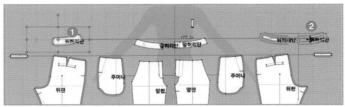

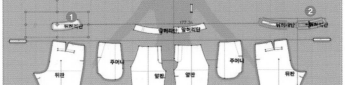

9) 뒤허리단 & 벨트 고리 재봉

▶ 뒤허리단 이동

◢ 패턴 이동/변환-뒤허리단① 좌클릭🖱+드래그&드롭②

▶ 뒤허리단 패턴 합치기

⬚ 점/선 수정-선분③ 좌클릭🖱-우클릭🖱-[팝업창]-[합치기] 선택

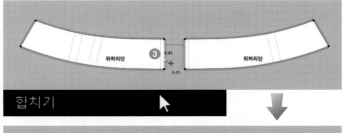

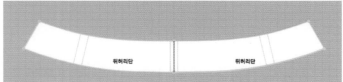

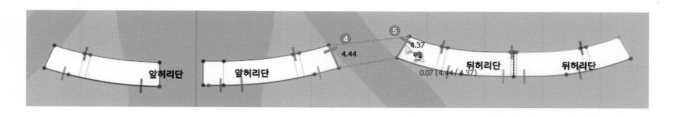

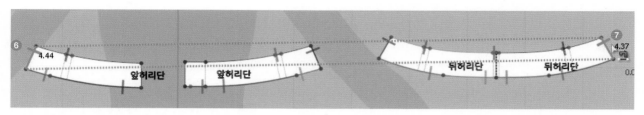

▶ 허리단 옆선 재봉

🔲 선분 재봉-선분④ 좌클릭🖱-선분⑤ 좌클릭🖱

🔲 선분 재봉-선분⑥ 좌클릭🖱-선분⑦ 좌클릭🖱

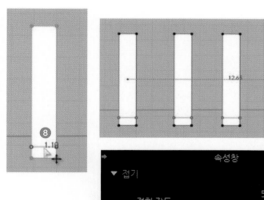

▶ 벨트 고리 접힘 각도 조절

🔲 점/선 수정-선분⑧ 좌클릭🖱-[속성창]-[접기]-[접힘 각도] 90° 입력

▶ 벨트 고리 복제

🔲 패턴 이동/변환-패턴⑨ 좌클릭🖱- Ctrl+C Ctrl+V -반복하여 벨트 고리 전체 5개 복사

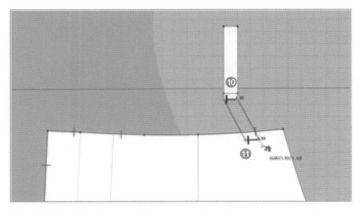

▶ 벨트 고리 재봉

선분 재봉-선분⑩ 좌클릭🖱-선분⑪ 좌클릭🖱

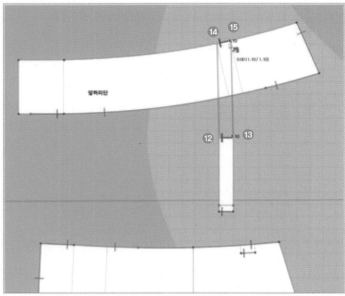

자유 재봉-점⑫ 좌클릭🖱+드래그+점⑬ 좌클릭🖱-점⑭ 좌클릭🖱+드래그+점⑮ 좌클릭🖱

＊ 나머지 벨트도 동일한 방법으로 재봉한다.

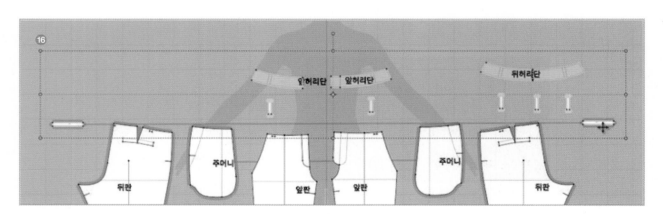

▶ 허리단 전체 심지 추가

선택/이동-shift+앞·뒤허리단, 벨트 고리, 뒷주머니⑯ 선택-[속성창]-[본딩/스카이빙]-[심지 접착/본딩] On 체크

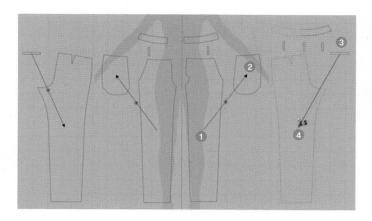

10] 베이직 팬츠 3D 착장

▶ 패턴 서브레이어 설정[2D창]

🖼 서브레이어 설정-패턴① 좌클릭🖱+패턴②

② 좌클릭🖱-패턴③ 좌클릭🖱+패턴④ 좌클릭🖱

* 반대편도 동일하게 서브레이어 설정한다.

▶ 패턴 배치화면 설정[3D창]

⬆ 2D 패턴창 상태로 재배치-좌클릭🖱

▶ 재봉선 숨기기

📃 재봉선 보기-선택 해제

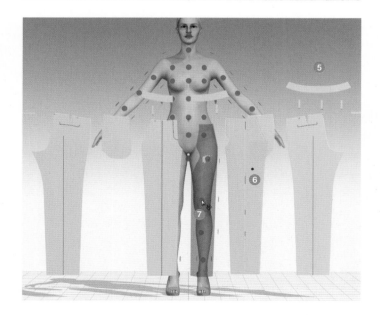

▶ 패턴 배치화면 설정

🕴 배치포인트 선택

배경⑤에 커서 올려놓은 상태에서 우클릭🖱

-[팝업창]-[앞 2] 클릭 또는 2

▶ 앞판 배치

✛ 선택/이동-패턴⑥ 선택-배치포인트⑦ 클릭

* 반대편 앞판도 동일하게 배치한다.

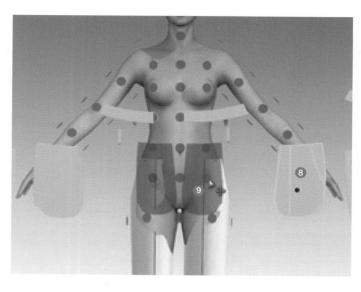

▶ 옆주머니 배치

⊞ 선택/이동-패턴⑧ 선택-배치포인트⑨ 클릭

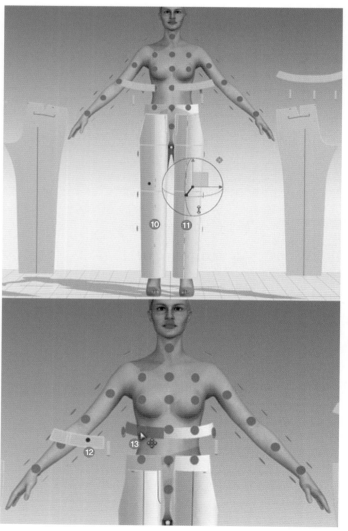

▶ 앞판과 옆주머니 배치 위치 변경

⊞ 선택/이동- Shift +앞판⑩, ⑪ 선택-좌클릭
🖱+(기즈모 Z축: 파란색)드래그

▶ 앞허리단 배치

⊞ 선택/이동-패턴⑫ 선택-배치포인트⑬
클릭

* 반대편 앞허리단도 동일하게 배치한다.

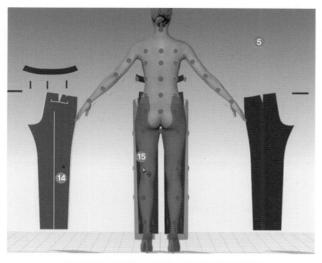

▶ 뒤판 배치

배경⑤에 커서 올려놓은 상태에서 우클릭🖱
-[팝업창]-[뒤 8] 클릭 또는 [8]

➕ 선택/이동-패턴⑭ 선택-배치포인트⑮ 클릭

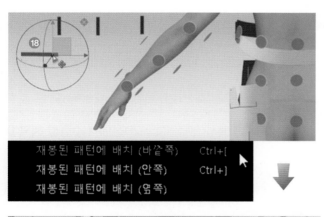

▶ 뒤허리단 배치

➕ 선택/이동-패턴⑯ 선택-배치포인트⑰ 클릭

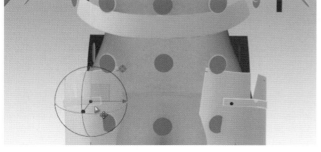

▶ 뒷주머니 배치

◤ 패턴 이동/변환-뒷주머니⑱ 선택-우클릭
🖱-[팝업창]-[재봉된 패턴에 배치 (바깥쪽)]
선택

재봉된 패턴에 배치 (바깥쪽)	Ctrl+[
재봉된 패턴에 배치 (안쪽)	Ctrl+]
재봉된 패턴에 배치 (옆쪽)	

* 반대편 뒷주머니도 동일하게 배치한다.

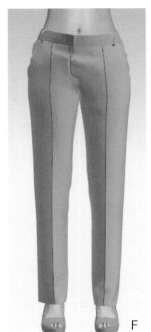

F   B

11) 재봉 위치 오류 수정하기

▶ 시뮬레이션

🔽 시뮬레이션-의상 착장

▶ 재봉선 보기

📋 재봉선 보기-선택

▶ 자동 색상 설정

🎨 자동 색상-선택

* 착장 순서 오류 확인하기

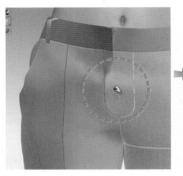

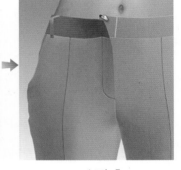

수정 전   수정 후

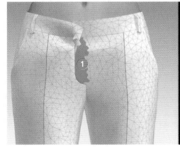
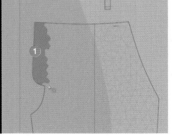

▶ 앞판의 의상 착장 순서 오류 수정

🖱 메시 선택(박스)-2D창에서 수정할 영역①
선택-3D창에서 메시 부분① 좌클릭🖱+(기즈
모 Z축)드래그-🔽 시뮬레이션

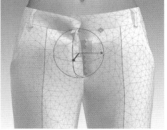

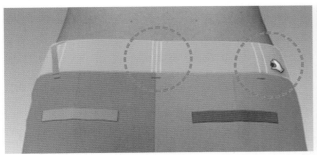

수정 전   수정 후

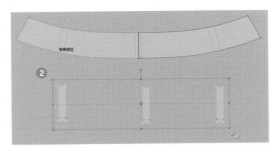

▶ 뒤판의 의상 착장 순서 오류 수정

◼◣ 패턴 이동/변환-2D창에서 영역② 선택(벨트 고리)-3D창에서 커서를 벨트 고리③에 놓은 상태에서 우클릭🖱-[팝업창]-[재봉된 패턴에 배치 (바깥쪽)] 선택

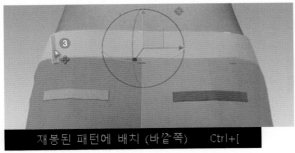

재봉된 패턴에 배치 (바깥쪽)   Ctrl+[

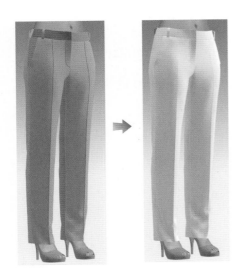

▶ 텍스처 설정

▤ 텍스처-선택

▶ 내부도형 숨기기

🕸 내부도형 보기-선택 해제

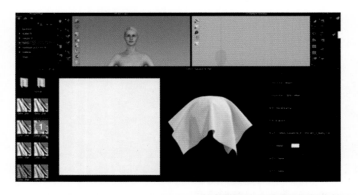

12) 원단 물성 & 색상 변경

▶ 원단 물성 변경

[라이브러리창]-[Fabric]-[물성]-[Cotton_Gabardine]①소재 선택하여 [물체창]-[원단]에 드래그&드롭②

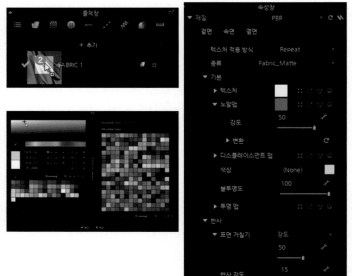

▶ 원단 색상 변경

[물체창]-[Cotton_Gabardine]② 선택-[속성창]-[재질]-[기본]-[색상] 선택-[팝업창] 원단색상 선택-확인

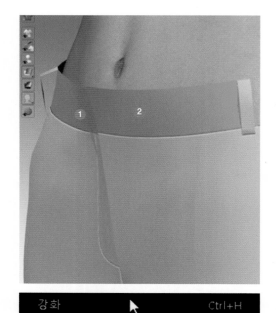

13) 단추 & 단춧구멍 추가

▶ 앞허리단 강화

선택/이동- Shift +앞허리단①, ② 선택-우클릭-[팝업창]-[강화] 클릭

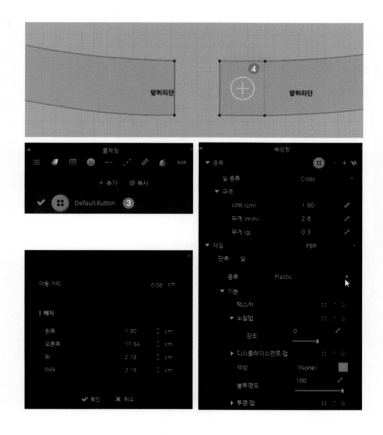

▶ 단추 세부설정

🔘 단추-[물체창]-[Default Button]③ 선
택-[속성창]-세부 항목 변경

[규격]-[너비] 1.8cm 입력
[재질]-[종류] Plastic 체크
　　　[색상] 변경

▶ 단추 추가

🔘 단추-2D창의 패턴④에 커서를 올려놓은
상태에서 우클릭🖱-[팝업창]-세부 항목 변경

[배치]-[왼쪽] 1.8cm
　　　[위] 2.19cm
　　　[아래] 2.19cm 입력

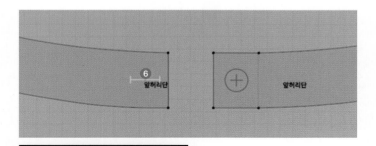

▶ 단춧구멍 세부설정

▬ 단춧구멍-[물체창]-[Default Buttonhole]
⑤ 선택-[속성창]-세부 항목 변경

[종류]-[너비] 2.1cm 입력
　　　[색상] 변경

▶ 단춧구멍 추가

▬ 단춧구멍-2D창의 패턴⑥에 커서를 올려
놓은 상태에서 우클릭🖱-[팝업창]-세부 항목
변경

[배치]-[오른쪽] 1.8cm
　　　[위] 2.22cm
　　　[아래] 2.22cm 입력

 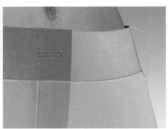

▶ 단춧구멍 방향 변경

🖱️ 단추/단춧구멍 수정-단춧구멍⑦ 좌클릭

🖱️-[속성창]-[회전 각도] 180° 입력

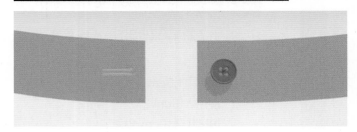

▶ 단추 잠그기

🔒🖱️ 단추 잠그기-단추 좌클릭🖱️-단춧구멍 좌
클릭🖱️-⬇️ 시뮬레이션

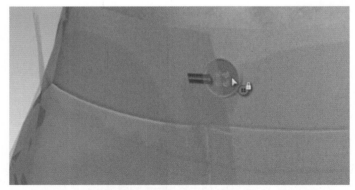

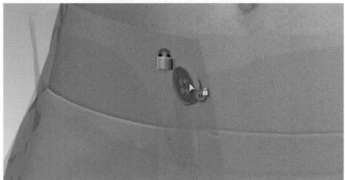

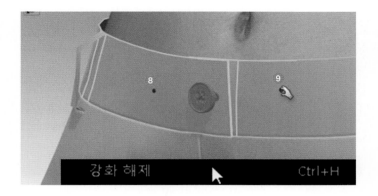

▶ 허리단 강화 해제

⊹ 선택/이동- Shift +앞허리단⑧, ⑨ 선택-우
클릭🖱️-[팝업창]-[강화 해제] 클릭

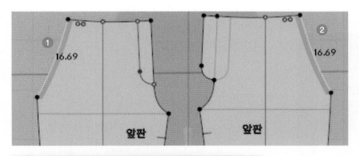

14) 심지 테이프 & 탑스티치 추가

▶ 주머니 심지 테이프 추가

◣ 점/선 수정- Shift +선분①, ② 선택-[속성
창]-세부 항목 변경

[선택 선분]-[심지 테이프] On 체크
[사전설정값]-Reinforcement (Pocket
Bone) 선택

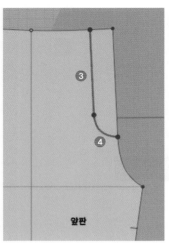

앞판

▶ 프론트 플라이 탑스티치 추가

[image: 선분 탑스티치 아이콘] 선분 탑스티치-2D창에서 Shift +선분③,
④ 좌클릭[마우스]-[물체창]-[Default Topstitch]
⑤ 선택-[속성창]-세부 항목 변경

[간격] 0˝
[탑스티치 개수] 1
[규격]–[길이 (SPI)] SPI–7
        [간격 (cm)] 0.2
        [실 두께 (Tex)] 150

[재질]–[색상] 변경

▶ 양면원단 표현

[image: 두꺼운 텍스처 아이콘] 두꺼운 텍스처-선택

▶ 의상 완성도 높이기

[image: 의상 완성도 아이콘] 의상 완성도 높이기-입자 간격 5mm-확
인-[아래 화살표 아이콘] 시뮬레이션

2D 패턴 이미지

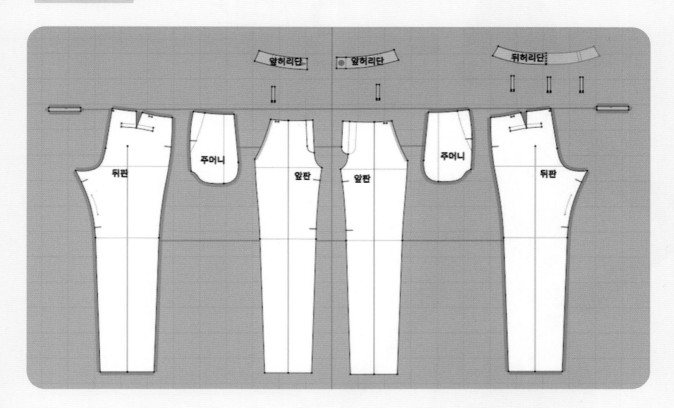

3D 렌더링 이미지

앞   3/4 오른쪽   오른쪽   뒤

3 진 팬츠
Jean Pants

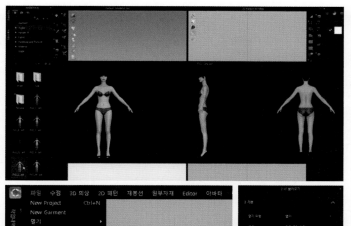

1) 아바타 & 패턴 불러오기

▶ 아바타 불러오기

[라이브러리창]-[Avatar]-[Female_V2]-아바타를 선택하여 더블 클릭한다.

▶ DXF 파일 불러오기

[파일]-[불러오기]-[DXF]-[파일 열기]-[진 팬츠.dxf]-[DXF 불러오기] 옵션 설정-확인

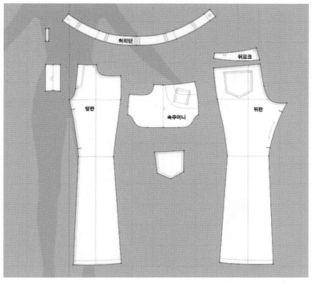

2) 패턴 정리하기 (2D창)

▶ 패턴 배치

■ 패턴 이동/변환-[2D창]의 아바타 실루엣에 앞판을 기준으로 배치한다.

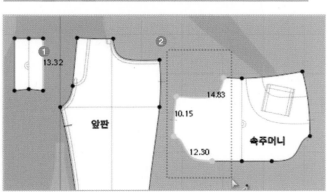

▶ 패턴 부분 삭제

■ 점/선 수정- Shift +선분①, 영역② 좌클릭 🖰+드래그-삭제 Delete

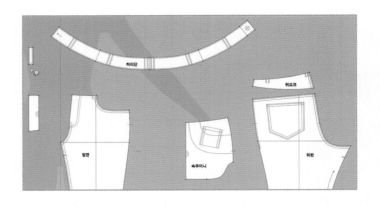

▶ 기초선을 내부선으로 변경

⬛ 트레이스- Shift +(노란색) 선분들 좌클릭🖱️
- Enter

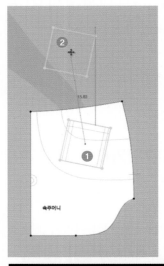

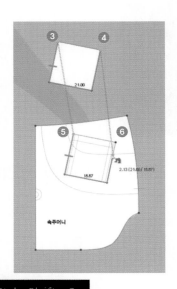

패턴으로 복제   Ctrl+Shift+C

3) 주머니 재봉하기

▶ 동전주머니 패턴으로 복제

⬛ 패턴 이동/변환-동전주머니① 선택-우클
릭🖱️-[팝업창]-[패턴으로 복제] 선택-빈 공간
②에 좌클릭🖱️

▶ 동전주머니 재봉

⬛ 자유 재봉-점③ 좌클릭🖱️+드래그+점④
좌클릭🖱️-점⑤ 좌클릭🖱️+드래그+점⑥ 좌클
릭🖱️

▶ 옆주머니 재봉-1

⬛ 자유 재봉-점⑦ 좌클릭🖱️+드래그+점⑧
좌클릭🖱️-점⑨ 좌클릭🖱️+드래그+점⑩ 좌클
릭🖱️(가이드 점까지)

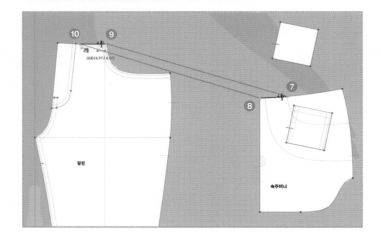

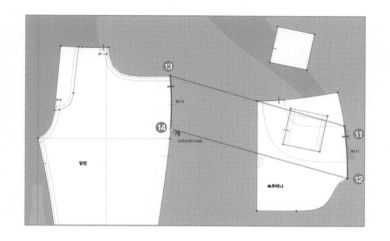

▶ 옆주머니 재봉-2

![icon] 자유 재봉-점⑪ 좌클릭🖱+드래그+점⑫ 좌클릭🖱-점⑬ 좌클릭🖱+드래그+점⑭ 좌클릭🖱(가이드 점까지)

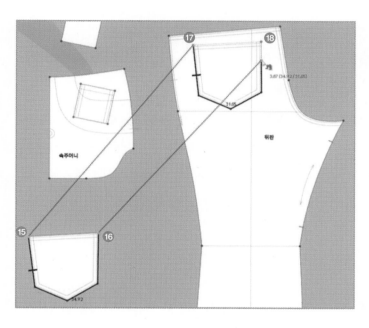

▶ 뒷주머니 재봉

![icon] 자유 재봉-점⑮ 좌클릭🖱+드래그+점⑯ 좌클릭🖱-점⑰ 좌클릭🖱+드래그+점⑱ 좌클릭🖱

4) 뒤요크 & 안솔기 & 옆선 재봉 하기

▶ 뒤요크 재봉

![icon] 자유 재봉-점① 좌클릭🖱+드래그+점② 좌클릭🖱-점③ 좌클릭🖱+드래그+점④ 좌클릭🖱

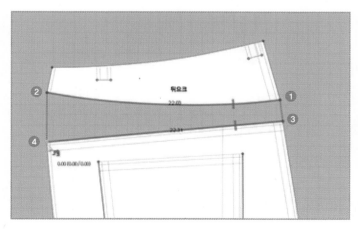

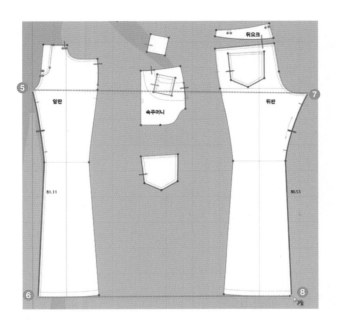

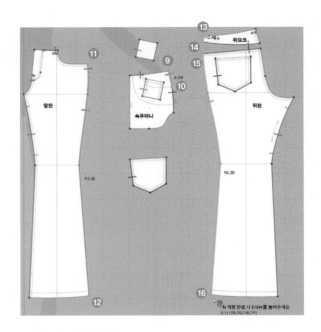

▶ 안솔기 재봉

자유 재봉-점⑤ 좌클릭🖱+드래그+점⑥ 좌클릭
🖱-점⑦ 좌클릭🖱+드래그+점⑧ 좌클릭🖱

▶ 옆선 재봉

M:N 자유 재봉-점⑨ 좌클릭🖱+드래그+점⑩
좌클릭🖱-점⑪ 좌클릭🖱+드래그+점⑫ 좌클릭🖱
- Enter -점⑬~⑯까지 순서대로 선택(좌클릭🖱+드
래그+좌클릭🖱 반복)- Enter

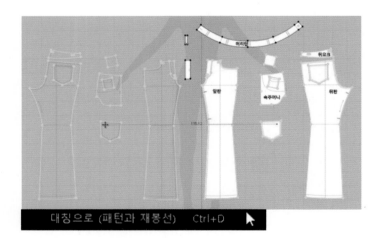

5) 패턴 복제 & 허리단 재봉하기

▶ 대칭으로 패턴 복제

패턴 이동/변환- Shift +좌클릭🖱(노란색
패턴 선택)-우클릭🖱-[팝업창]-[동시 수정 패
턴 복제]-[대칭으로 (패턴과 재봉선)] 선택-드
래그&드롭

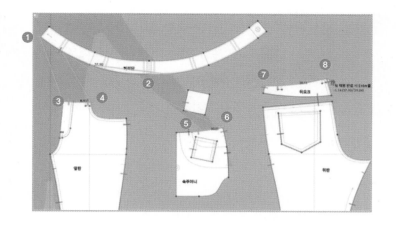

▶ 허리단 재봉-1

[icon] M:N 자유 재봉-점① 좌클릭[마우스]+드래그+점② 좌클릭[마우스]- Enter -점③~⑧까지 순서대로 선택(좌클릭[마우스]+드래그+좌클릭[마우스] 반복)- Enter

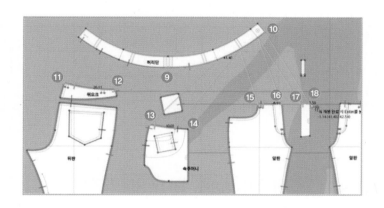

▶ 허리단 재봉-2

* 패턴 이동/변환 툴로 허리단을 이동하면 재봉 위치를 확인하기 편리하다.

[icon] M:N 자유 재봉-점⑨ 좌클릭[마우스]+드래그+점⑩ 좌클릭[마우스]- Enter -점⑪~⑱까지 순서대로 선택(좌클릭[마우스]+드래그+좌클릭[마우스] 반복)- Enter

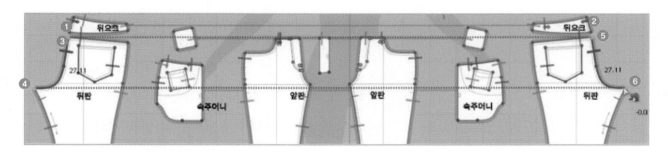

6) 앞·뒤중심선 재봉

▶ 뒤요크 중심선

[icon] 선분 재봉-선분① 좌클릭[마우스]-선분② 좌클릭[마우스]

▶ 뒤중심선 재봉

[icon] 자유 재봉-점③ 좌클릭[마우스]+드래그+점④ 좌클릭[마우스]-점⑤ 좌클릭[마우스]+드래그+점⑥ 좌클릭[마우스]

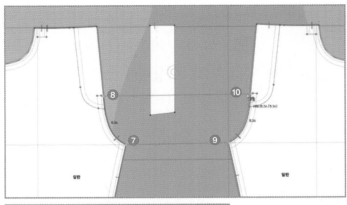

▶ 앞중심선 재봉

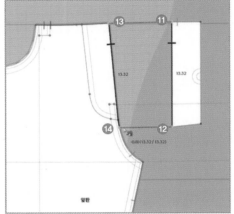 자유 재봉-점⑦ 좌클릭🖱️+드래그+점⑧ 좌클릭🖱️-점⑨ 좌클릭🖱️+드래그+점⑩ 좌클릭🖱️

▶ 프론트 플라이(Front ply) 재봉

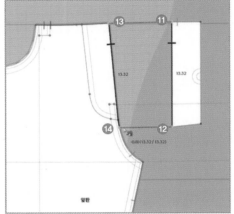 자유 재봉-점⑪ 좌클릭🖱️+드래그+점⑫ 좌클릭🖱️-점⑬ 좌클릭🖱️+드래그+점⑭ 좌클릭🖱️

7) 진(Jean) 팬츠 3D 착장

▶ 패턴 서브레이어 설정(2D창)

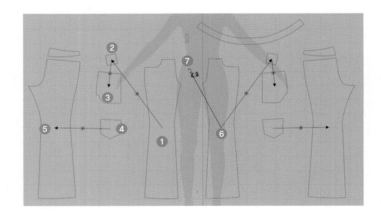 서브레이어 설정-패턴① 좌클릭🖱️+패턴② 좌클릭🖱️-패턴② 좌클릭🖱️+패턴③ 좌클릭🖱️-패턴④ 좌클릭🖱️+패턴⑤ 좌클릭🖱️-반대편은 동일하게 서브레이어 설정하되 패턴⑥ 좌클릭🖱️+패턴⑦ 좌클릭🖱️을 추가한다.

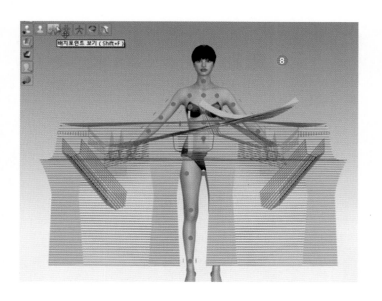

▶ 패턴 배치화면 설정 (3D창)

⬛ 2D 패턴창 상태로 재배치-선택

▶ 패턴 배치화면 설정

🏃 배치포인트 선택-배경⑧에 커서 올려놓은 상태에서 우클릭🖱-[팝업창]-[앞 2] 클릭 또는 ②

▶ 재봉선 숨기기

📖 재봉선 보기-선택 해제

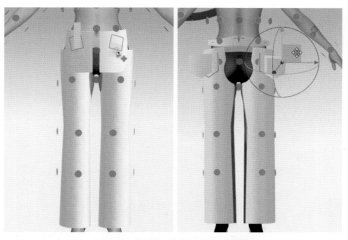

▶ 앞 · 뒤판 & 부속 패턴 배치

⬛ 선택/이동-배치할 패턴 선택-배치포인트 클릭

* 기즈모를 사용하여 착장되는 순서대로 배치한다.

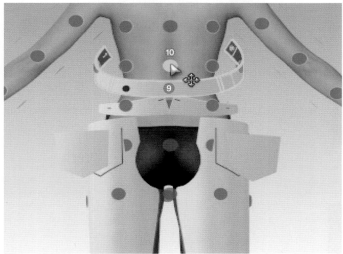

▶ 허리단 배치

⬛ 선택/이동-패턴⑨ 선택-배치포인트⑩ 클릭

⬇ 시뮬레이션-의상 착장

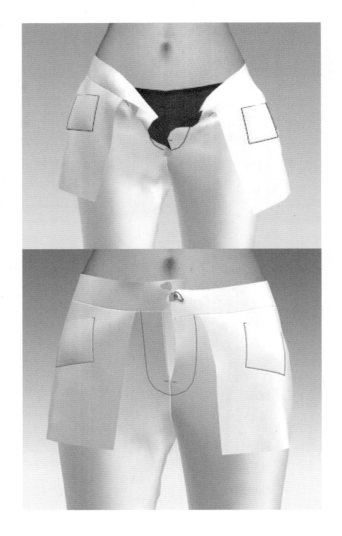

▶ 착장 순서 변경[임시 고정]

🔀 🖊 선택/이동-핀 생성(W+좌클릭🖱)-
양끝 허리단 선택-좌클릭🖱+드래그(위치 이동)

* 핀(W+좌클릭) 기능은 영문 자판일 경우에만 사
  용이 가능하다.

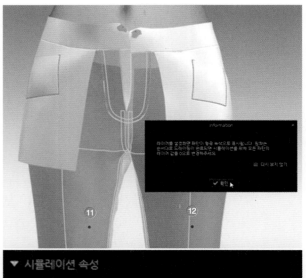

▶ 배치 위치 변경[레이어]

🔀 선택/이동-Shift+앞판⑪, ⑫ 선택-[속성
창]-[시뮬레이션 속성]-[레이어] 1 입력-⬇ 시
뮬레이션-착장 순서 변경

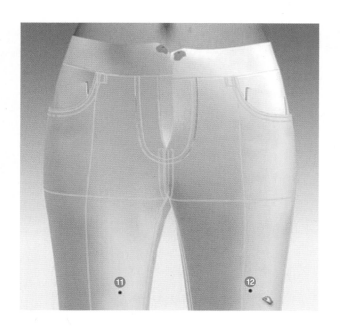

▶ 레이어 설정 해제

🔸 선택/이동-[Shift]+앞판⑪, ⑫ 선택-[속성
창]-[시뮬레이션 속성]-[레이어] 0 입력

8) 앞여밈 임시 고정

▶ 앞판 동시 수정 해제

🔸 패턴 이동/변환-영역①+좌클릭🖱+드
래그-[Shift]+뒷주머니 선택 우클릭🖱-[팝업
창]-[동시 수정 해제] 선택

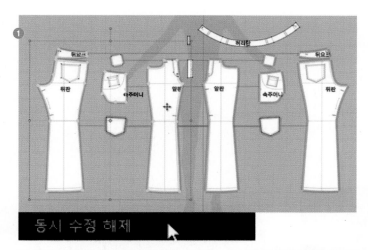

▶ 패턴 부분 수정

🔸 점/선 수정-[Shift]+선분②, ③ 좌클릭🖱-삭
제[Delete]

🔸 패턴 이동/변환-[Shift]+패턴④, ⑤ 좌클릭
🖱-삭제[Delete]

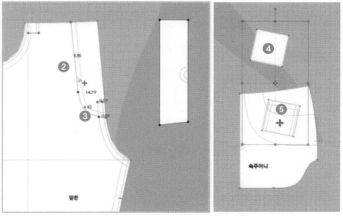

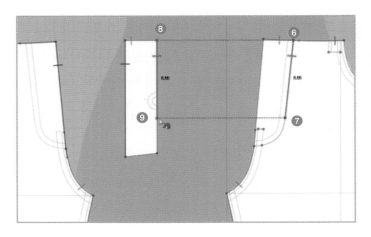

▶ 앞여밈 임시 고정

🖱 자유 재봉-점⑥ 좌클릭🖱+드래그+점⑦ 좌클릭🖱-점⑧ 좌클릭🖱+드래그+점⑨ 좌클릭🖱(가이드 점까지)

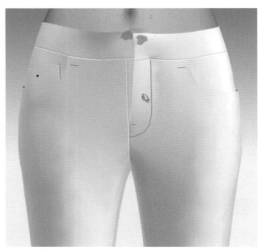

▶ 시뮬레이션

⬇ 시뮬레이션-착장 확인

9) 허리단 & 벨트 고리 재봉

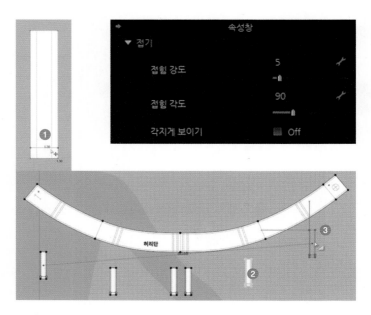

▶ 벨트 고리 접힘 각도 조절

🖱 점/선 수정-선분① 좌클릭🖱-[속성창]-세부 항목 변경
[접기]-[접힘 각도] 90° 입력-[각지게 보이기] On 체크 해제

▶ 벨트 고리 복제

🖱 패턴 이동/변환-패턴② 선택- Ctrl+C Ctrl+V
③-반복하여 벨트 고리 전체 6개 복제

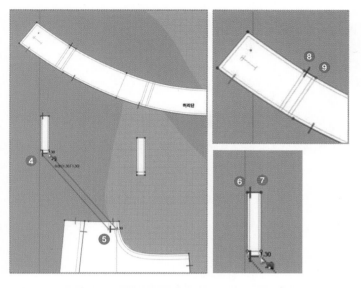

▶ 벨트 고리 재봉-1

⬛ 선분 재봉-선분④ 좌클릭🖱-선분⑤ 좌클릭🖱

⬛ 자유 재봉-점⑥ 좌클릭🖱+드래그+점⑦ 좌클릭🖱-점⑧ 좌클릭🖱+드래그+점⑨ 좌클릭🖱

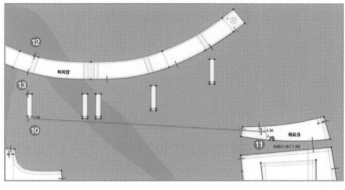

▶ 벨트 고리 재봉-2

⬛ 선분 재봉-⑩, ⑪ 재봉

⬛ 자유 재봉-⑫, ⑬ 재봉

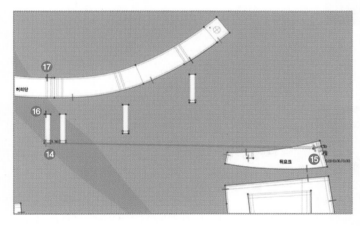

▶ 벨트 고리 재봉-3

⬛ 선분 재봉-⑭, ⑮ 재봉

⬛ 자유 재봉-⑯, ⑰ 재봉

★ 반대편 벨트 고리도 동일하게 봉제한다.

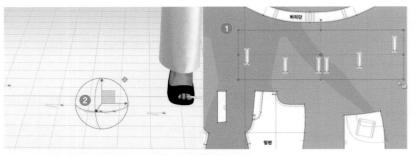

10) 허리단 & 벨트 고리 3D 착장

▶ 허리단 & 벨트 고리 배치

🔲 패턴 이동/변환-2D창에서 영역①
선택(벨트 고리)-3D창의 벨트 고리 위
치②에서 우클릭🖱-[팝업창]-[재봉된
패턴에 배치 (바깥쪽)] 선택

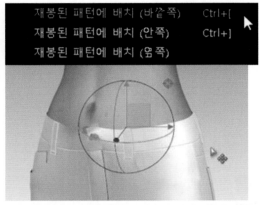

▶ 시뮬레이션

⬇ 시뮬레이션-의상 착장

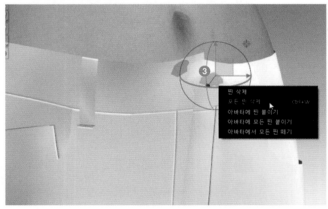

▶ 핀 삭제

🔰 선택/이동-Ｗ+핀③ 좌클릭🖱 또는 핀③
좌클릭🖱-우클릭🖱-[팝업창]-[모든 핀 삭제]
선택

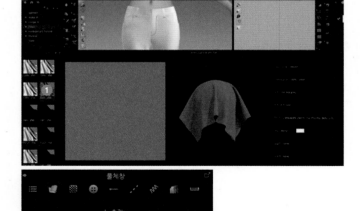

11) 원단 변경

▶ 원단 물성 변경

[라이브러리창]-[Fabric]-[Denim_
Lightweight]①소재 선택하여 [물체창]-[원
단]에 드래그&드롭②

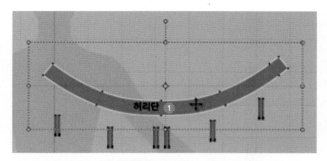

12) 심지 & 심지 테이프 추가

▶ 허리단 전체 심지 추가

패턴 이동/변환-허리단① 선택-[속성창] -[본딩/스카이빙]-[심지 접착/본딩] On 체크

▶ 심지 테이프 추가

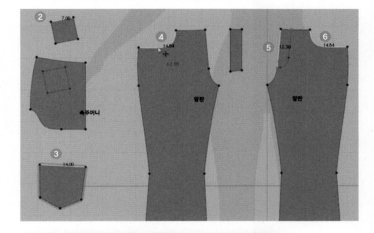

점/선 수정-Shift+선분②~⑥ 선택-[속성 창]-[선택 선분]-[심지 테이프] On 체크

▶ 3D창의 본딩/스카이빙 숨기기

본딩/스카이빙 보기-선택 해제

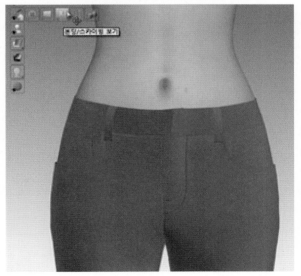

변경 후

13) 탑스티치 추가(2D창)

▶ 1/8″탑스티치 세부설정

[물체창]-███ ① 선택-[Default
Topstitch]② 선택-[속성창]-세부 항목
수정

[정보]-[이름]- 1/8″ 입력
[간격]-[1/8″] 선택
[탑스티치 개수]-[1] 선택

[규격]-[길이 (SPI)]-[SPI-5] 선택
　　　[간격 (cm)] 0.2
　　　[실 두께 (Tex)] 170 입력

[재질]-[종류]-[Metal] 선택
　　　[색상]-[팝업창]-색상 선택
　　　[메탈네스] 20 입력

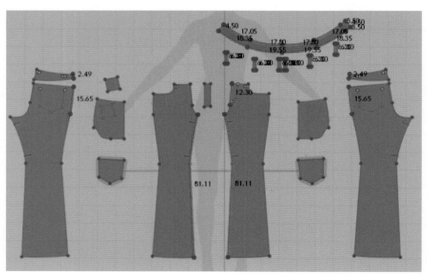

▶ 1/8″탑스티치 추가

███ 선분 탑스티치 또는

███ 자유 탑스티치-핑크색 선분들 선택

▶ 1/8″5/16″탑스티치 세부설정

[물체창]-[1/8″]③ 선택-[복사]④ 선택-⑤ 선택 더블 클릭-[1/8″

5/16″] 이름 변경-[속성창]-일부 항목 수정

[탑스티치 개수]-[2] 선택
[2]-[규격]-[1번 스티치와의 거리]
　　　　-[5/16″] 선택

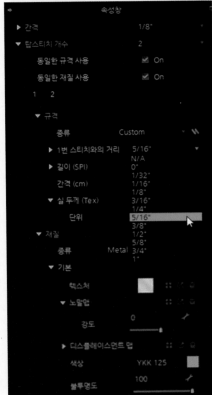

▶ 1/8″5/16″탑스티치 추가

 선분 탑스티치 또는

자유 탑스티치-핑크색 선분들 선택

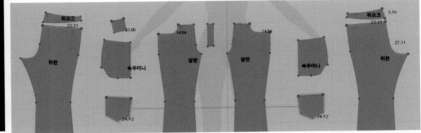

선분 탑스티치 & 자유 탑스티치

: 분리되어 있는 선분을 연결해서 탑스티치를 추가할 경우에

는 선분 탑스티치보다 자유 탑스티치가 효율적이다.

TIP

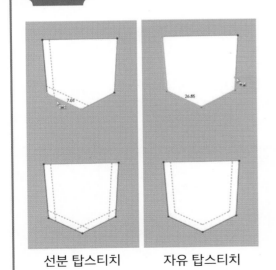

선분 탑스티치　　　자유 탑스티치

▶ 3/8″탑스티치 세부설정

[물체창]-[1/8″]③ 선택-[복사]④ 선택-⑥ 선택
더블 클릭-[3/8″] 이름 변경-[속성창]-세부 항
목 변경

[간격]-[3/8″] 선택

▶ 3/8″탑스티치 추가

선분 탑스티치-선분⑦ 선택

▶ 5/8″탑스티치 세부설정

[물체창]-[3/8″]⑤ 선택-[복사]④ 선택-⑧ 선택
더블 클릭-[5/8″] 이름 변경-[속성창]-세부 항
목 변경

[간격]-[5/8″] 선택

▶ 5/8″탑스티치 추가

선분 탑스티치-굵은 핑크색 선분들 선택

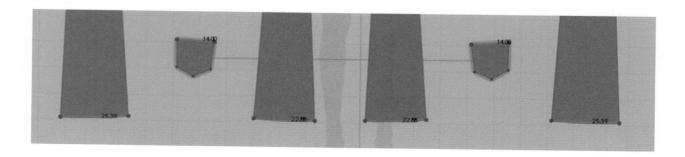

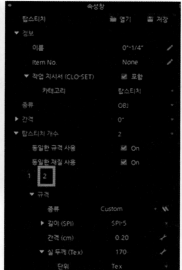

▶ 0″1/4″ 탑스티치 세부설정

[물체창]-[1/8″5/16″]⑤ 선택-[복사]④
선택-⑨ 선택 더블 클릭-[0″1/4″] 이름
변경-[속성창]-세부 항목 변경

[탑스티치 개수]-[2] 선택
[간격]-[0″] 선택

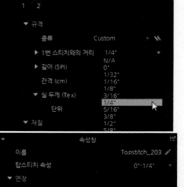

[2]-[규격]-[1번 스티치와의 거리]-
[1/4″] 선택

▶ 0″1/4″ 탑스티치 추가

🔲 자유 탑스티치-핑크색 선분들 선
택-[속성창]-[연장]-[시작]과 [끝] On 선
택 해제

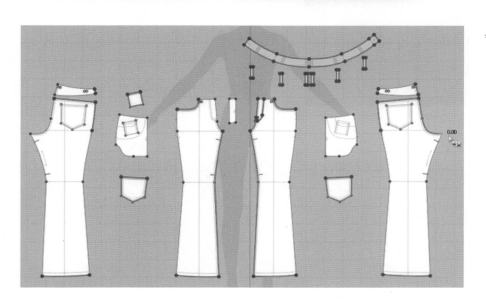

* 탑스티치가 추가된 선분들(핑크
색)을 확인한다.

14) 퍼커링 추가(2D창)

▶ 1.2cm 퍼커링 세부설정

[물체창]-  ① 선택-[Default Puckering]
② 선택-[속성창]-세부 항목 변경

[재질]-[Denim] 선택
[규격]-[너비]-1.2cm 입력

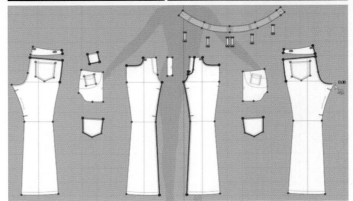

▶ 1.2cm 퍼커링 추가

선분 퍼커링 또는

자유 퍼커링-보라색 선분들 선택

▶ 2.5cm 퍼커링 세부설정

[물체창]-[Default Puckering]② 선택-[복사]
③ 선택-[속성창]-세부 항목 변경

[규격]-[너비] 2.5cm 입력

▶ 2.5cm 퍼커링 추가

선분 퍼커링-보라색 선분들 선택

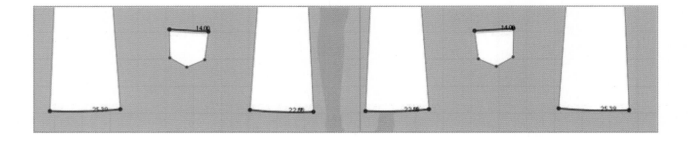

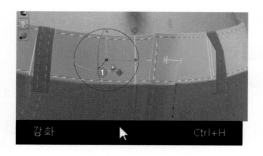

15) 단추 & 단춧구멍 추가

▶ 허리단 강화

🔲 선택/이동-허리단① 선택-우클릭🖱-[팝업창]-[강화]
선택

▶ 단추 세부설정

🔘 단추-[물체창]-[Default Button] 선택-[속성창]-세부
항목 변경

[종류]-▼-[2_Shank_Button-06] 선택
[규격]-[너비] 2cm 입력

[재질]-[종류]-[Metal] 선택
　　[색상]-[팝업창]-색상 선택
　　[메탈네스] 25 입력

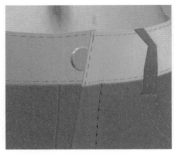
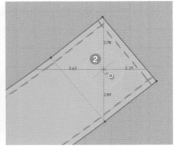

▶ 단추 추가[2D창]

🔘 단추-패턴②에 커서를 올려놓은 상태에서 좌클릭🖱

▶ 단춧구멍 세부설정

▭ 단춧구멍-[물체창]-[Default Buttonhole] 선택-[속성창]-세부 항목 변경

[재질]-[색상]-[팝업창]-색상 선택

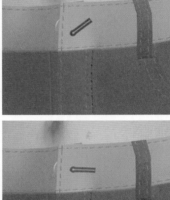
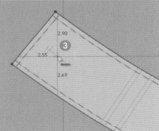

▶ 단춧구멍 추가

▭ 단춧구멍-패턴③에 커서를 올려놓은 상태에서 좌클릭🖱

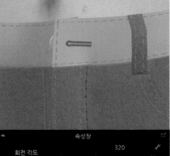
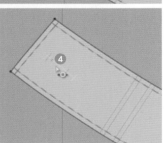

▶ 단춧구멍 방향 변경

🔘 단추/단춧구멍 수정-단춧구멍④ 좌클릭🖱-[속성창]-세부 항목 변경

[회전 각도] 320° 입력
[잠김 위치] 20 입력

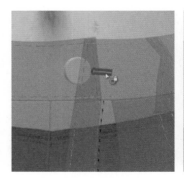
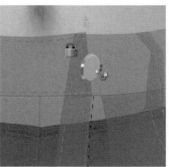

▶ 단추 잠그기

🔒 단추 잠그기-단추 좌클릭🖱-단춧구멍 좌클릭🖱-⬇ 시뮬레이션

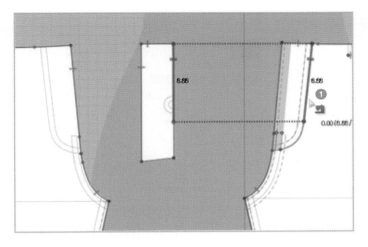

16) 앞여밈 수정

▶ 임시 재봉선 삭제

재봉선 수정-재봉선① 좌클릭-삭제 Delete

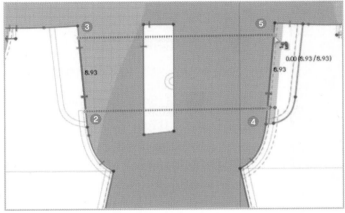

▶ 앞여밈 재봉

자유 재봉-점② 좌클릭+드래그+점③ 좌클릭-점④ 좌클릭+드래그+점⑤ 좌클릭

* 2D창에서 패턴을 수정할 경우, 원단을 단색으로 변경하면 기초선을 참고할 수 있다.

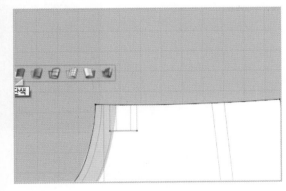

* 앞여밈 윗부분은 약 1cm 정도 남겨두고 재봉한다.

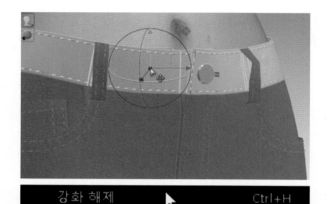

▶ 허리단 강화 해제

🔲 선택/이동-허리단 선택-우클릭🖱-[팝업
창]-[강화 해제] 선택

강화 해제   Ctrl+H

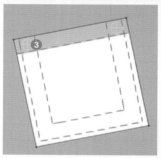

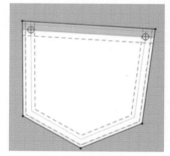

17) 장식 스냅(Snap) 추가

▶ 단추 세부설정

🔘 단추-[물체창]-추가① 선택-
[Button 1]② 선택-[속성창]-세부 항목 수정

[종류]-▼-[3_Snap_Rivet-04] 선택
[규격]-[너비] 0.7cm
        [두께] 2mm 입력
[재질]-[종류]-[Metal] 선택
        [색상]-[팝업창]-색상 선택
        [메탈네스] 20 입력

▶ 리벳 추가(2D창)

🔘 단추-스냅 위치③에 커서를 올려 놓은 상
태에서 좌클릭🖱

* 동전주머니와 뒷주머니, 옆주머니에 동일하게 리벳
  을 추가한다.

▶ 내부도형 숨기기

🔳 내부도형 보기-선택 해제

▶ 텍스처 설정

🔳 두꺼운 텍스처-선택

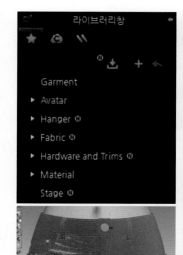

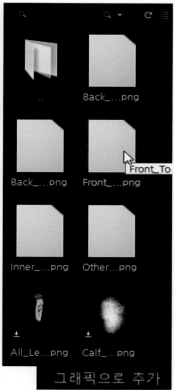

18) 워싱(Washing) 효과 추가

▶ 워싱 이미지 추가-1

[라이브러리창]-[Hardware and Trims]-[Washing...]-[Moustache]-[Front_Top_01]-우클릭🖱️-[그래픽으로 추가] 선택-앞판 패턴 ① 선택

▶ 워싱 이미지 사이즈 & 위치 변경

🎛️ 그래픽 변환-워싱 이미지① 선택-기즈모를 활용하여 사이즈 변경-좌클릭🖱️+드래그하여 위치 변경

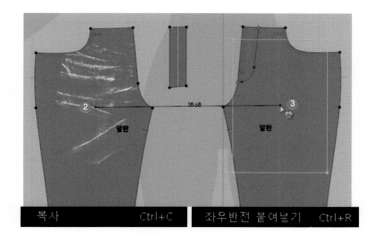

▶ 앞판 워싱 이미지 복사(2D창)

🎛️ 그래픽 변환-워싱 이미지② 좌클릭🖱️-우클릭🖱️-[팝업창]-[복사] 선택-우클릭🖱️-[팝업창]-[좌우반전 붙여넣기] 선택-③ 좌클릭🖱️

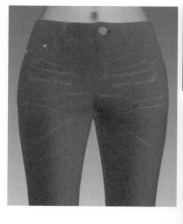

▶ 워싱 이미지 투명도 조절

[물체창]-[Front_Top_01]④ 선택-[속성창]-세부 항목 변경

[불투명도] 30% 입력

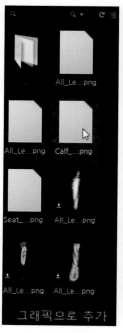

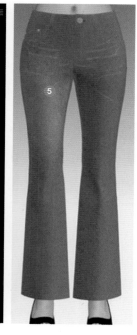

▶ 워싱 이미지 추가-2

[라이브러리창]-[Hardware and Trims]-[Washing…]-[Scraping]-[Calf_Used_01]-우클릭🖱-[그래픽으로 추가] 선택-앞판 패턴⑤ 선택

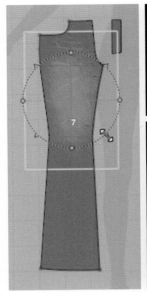

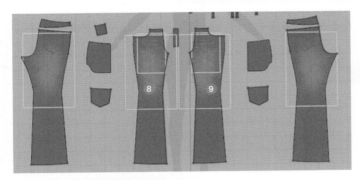

복사	Ctrl+C
좌우반전 붙여넣기	Ctrl+R

▶ 워싱 이미지 투명도 조절

[물체창]-[Calf_Used_01]⑥ 선택-[속성창]-세부 항목 변경

[불투명도] 30% 입력

▶ 워싱 이미지 크기 & 위치 변경

그래픽 변환-워싱 이미지⑦ 선택-기즈모를 활용하여 사이즈 변경-좌클릭+드래그하여 사이즈&위치 변경

▶ 앞·뒤판 워싱 이미지 복사(2D창)

그래픽 변환-프린트⑧ 좌클릭-우클릭-[팝업창]-[복사] 선택-우클릭-[팝업창]-[좌우반전 붙여넣기] 선택-반대편 앞판⑨ 좌클릭

* 뒤판도 동일하게 워싱 이미지를 복사한다.

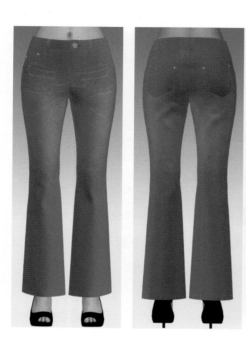
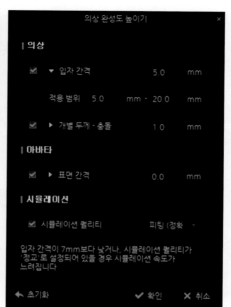

▶ 의상 완성도 높이기

 의상 완성도 높이기-입자 간격 5mm 확인- 시뮬레이션

2D 패턴 이미지

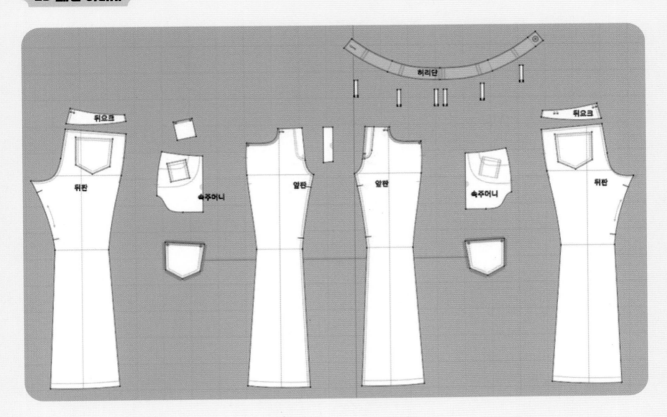

3D 렌더링 이미지

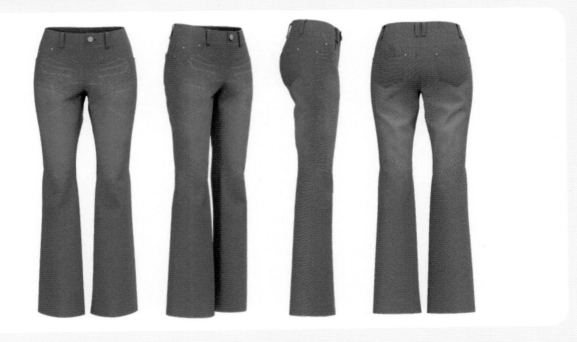

앞   3/4 오른쪽   오른쪽   뒤

CHAPTER

05

모듈구성 활용

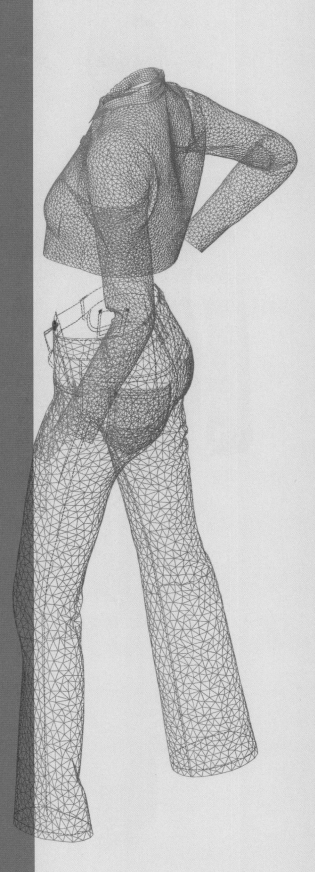

1 더블 재킷
Double Jacket

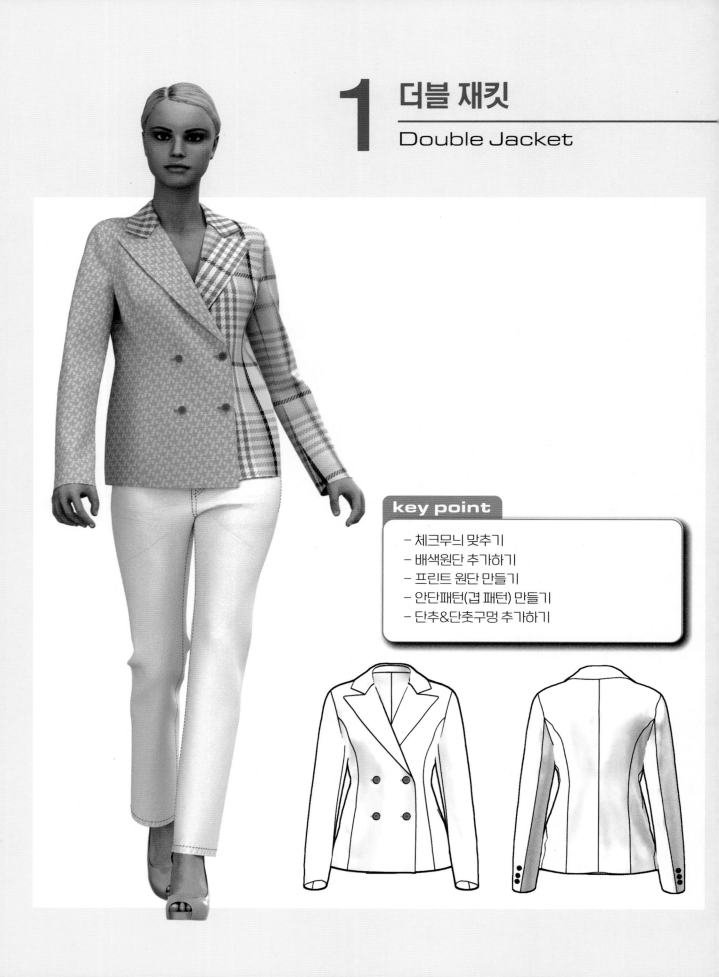

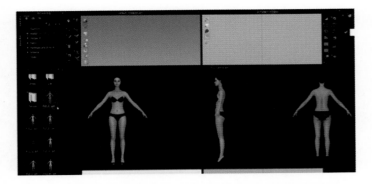

1) 아바타 & 패턴 불러오기

▶ 아바타 불러오기

[라이브러리창]-[Avatar]-[Female_V2]-아바타를 선택하여 더블 클릭한다.

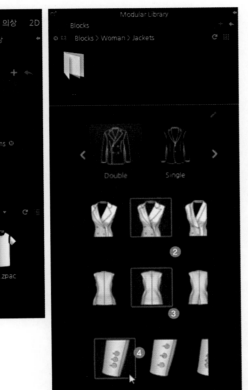

▶ 패턴 불러오기

[Modular Library]①-[Blocks]-[Woman]-[Jackets]-[Double]-앞판②, 뒤판③, 소매④ 각각 더블 클릭

3D창

2D창

▶ 의상 완성도 낮추기

[icon] 의상 완성도 낮추기-입자 간격 20mm 확인-[icon] 시뮬레이션

2] 패턴 정리 & 포즈 변경 [2D창]

▶ 단추 삭제

[icon] 단추/단춧구멍 수정-영역① 좌클릭[icon]+드래그-삭제 [Delete]

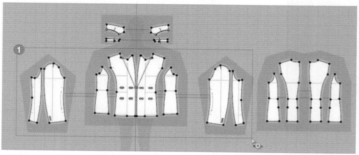

▶ 칼라 & 칼라밴드 이동

[icon] 패턴 이동/변환-칼라&칼라밴드② 좌클릭[icon]+드래그&드롭③

▶ 칼라 패턴 합치기

[icon] 점/선 수정-선분④ 좌클릭[icon]-우클릭[icon]-[팝업창]-[합치기] 선택

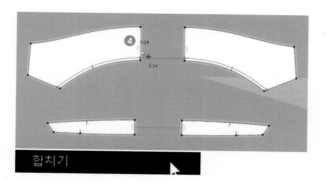

▶ 칼라밴드 패턴 합치기

[icon] 점/선 수정-선분⑤ 좌클릭[icon]-우클릭[icon]-[팝업창]-[합치기] 선택

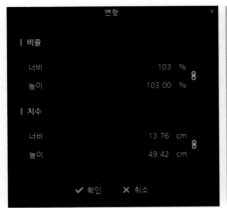
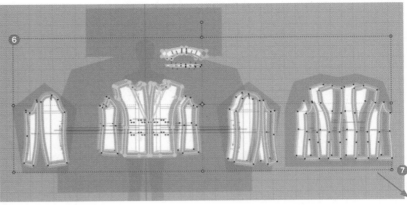

변형		✕
▌비율		
너비	103 %	
높이	103.00 %	🔗
▌치수		
너비	13.76 cm	
높이	49.42 cm	🔗
✔ 확인	✕ 취소	

▶ 전체 패턴 3% 키우기

◨ 패턴 이동/변환-영역⑥ 좌클릭🖱+드래그-영역⑦ 좌클릭🖱+드래그+우클릭🖱-[팝업창]-[비율]-[너비] 103% 입력-확인

▶ 포즈 변경

[라이브러리창]-[Avatar]-[Female_V2]-[Pose]-[FV2_03_Attention.pos]-선택

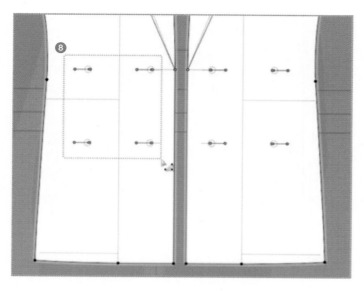

* 단추&단춧구멍을 채웠을 때 라펠 부위의 들뜸과
  앞품 여유분 추가를 위하여 단추 전체를 하방향으
  로 1cm, 우방향으로 2cm 이동한다(단, 겹침 분량
  이 줄어듦).

▶ 단추 & 단춧구멍 위치 수정-1

점/선 수정-영역⑧ 좌클릭+드래그-내
부선 선택

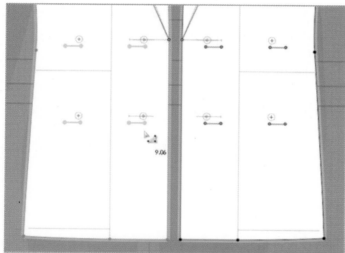

▶ 단추 & 단춧구멍 위치 수정-2

키보드의 방향키 중,
하방향 ▼ 한 번 클릭(1cm 이동)

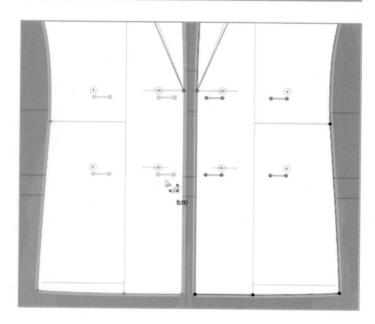

▶ 단추 & 단춧구멍 위치 수정-3

키보드의 방향키 중,
우방향 ▶ 두 번 클릭(2cm 이동)

3) 체크원단 .jpg 추가

▶ 라이브러리창에 폴더 추가

[라이브러리창]-[추가➕]① 선택-[더블 재킷] 폴더를 선택하여 추가한다.

▶ 체크원단 불러오기

[체크Gr.jpg]②소재 선택하여 [물체창]-[FABRIC 1]에 드래그&드롭③ 또는 빈공간에 드래그&드롭하여 [체크Gr] 소재를 추가한다.

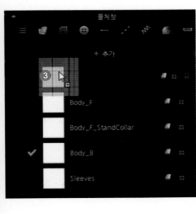

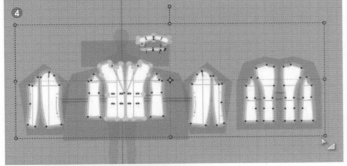

▶ 체크원단 변경

■ 패턴 이동/변환-영역④ 좌클릭🖱+드래그 (패턴 전체 선택)-[물체창]-[FABRIC 1]⑤ 좌클릭🖱+드래그&드롭⑥

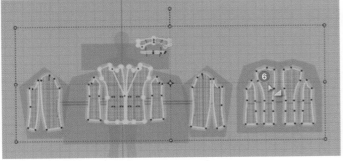

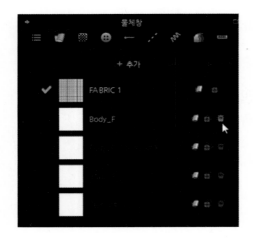

▶ 물체창의 원단 정리

[물체창]-[원단]- 🗑 휴지통 선택

* 휴지통이 생성된 소재는 사용되지 않는 소재이므로 삭제를 권장한다.

4) 체크원단 사이즈 & 위치 수정

▶ 체크무늬 전체 사이즈 수정

🌐 텍스처 수정-앞판① 선택-우측 상단의 기즈모를 활용하여 사이즈 변경-좌클릭🖱+드래그

▶ 체크무늬 피스별 위치 수정-1

🌐 텍스처 수정-앞판① 선택-선택된 패턴에 있는 기즈모를 활용하여 위치 변경-좌클릭🖱+드래그

* 앞판 패턴을 중심으로 피스별로 하나씩 선택하여 체크무늬를 맞춘다.

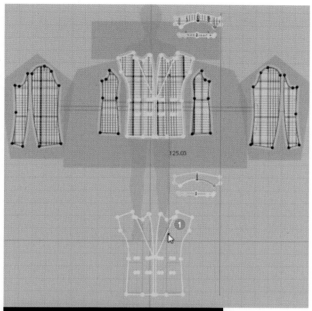

겹 패턴 복제 (안쪽)　▶　Ctrl+Shift+B

5) 칼라 & 앞판 안단 패턴 추가

▶ 안단 패턴 복제

◩ 패턴 이동/변환-Shift+(칼라, 칼라밴드, 앞판)좌클릭🖱 선택-우클릭🖱-[팝업창]-[겹 패턴 복제 (안쪽)] 선택-빈 공간① 좌클릭🖱

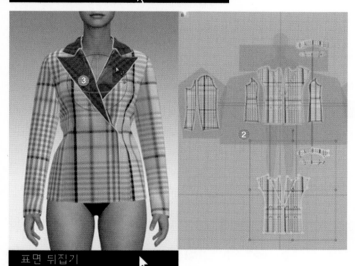

표면 뒤집기　▶

▶ 안단 패턴 표면 뒤집기

◩ 패턴 이동/변환-영역② 좌클릭🖱+드래그 (안단 패턴 선택)-3D창에서 안단③에 커서를 올려놓은 상태에서 우클릭🖱-[팝업창]-[표면 뒤집기] 선택

▶ 시뮬레이션

⬇ 시뮬레이션-의상 착장

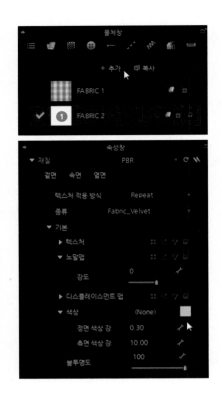

6) 칼라 & 앞판 안단의 소재 변경

▶ 배색원단 추가

[물체창]-[+Add]-[FABRIC 2]① 선택-[속성창]-세부 항목 변경

[재질]-[종류]-[Fabric_Velvet] 선택
[색상]-[팝업창]-색상 선택

▶ 배색원단 변경

■ 패턴 이동/변환-영역② 좌클릭🖱+드래그(안단 패턴 선택)-[물체창]-[FABRIC 2]③ 좌클릭🖱+드래그&드롭④

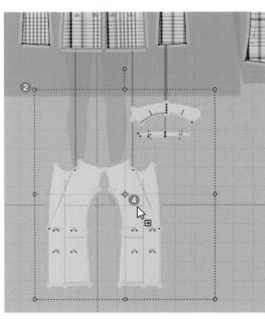

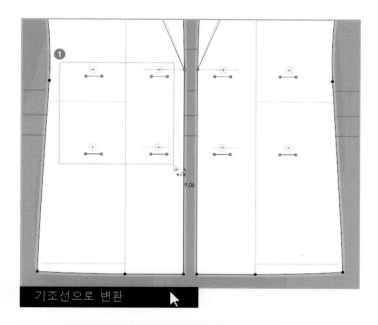

7) 단추 & 단춧구멍 추가

▶ 2D창 전체 패턴 단색으로 변경

 단색-선택

▶ 단추 & 단춧구멍 기초선으로 변환

점/선 수정-영역① 좌클릭+드래그(내부선 선택)-우클릭-[팝업창]-[기초선으로 변환] 선택

▶ 단추 재질 수정

[물체창]-[Main 단추]② 선택-[속성창]-세부 항목 변경

[종류]-[규격]-[너비] 2cm 입력
[재질]-[종류]-[Fabric_Velvet] 선택
　　　[색상]-[팝업창]-색상 선택

▶ 단추 추가(2D창)

단추-[물체창]-[Main 단추]② 선택-단추 위치에 커서를 올려놓은 상태에서 좌클릭

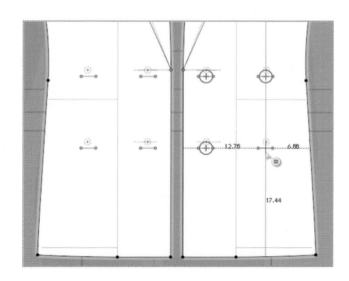

▶ 단춧구멍 재질 수정

[물체창]-[Default Buttonhole]③ 선택-[속성
창]-세부 항목 변경

[종류]−[너비] 2.3cm 입력
[재질]−[종류]−[Fabric_Velvet] 선택
　　[색상]−[팝업창]−색상 선택

▶ 단춧구멍 추가(2D창)

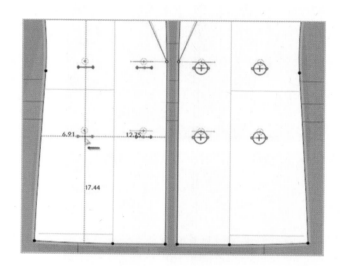 단춧구멍-[물체창]-[Default Buttonhole]
③ 선택-단춧구멍 위치에 커서를 올려놓은 상
태에서 좌클릭

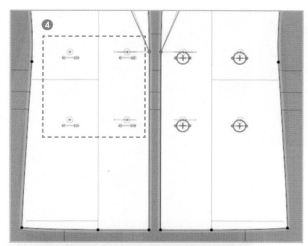

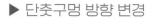 ▶ 단춧구멍 방향 변경

 단추/단춧구멍 수정-Shift+단춧구멍④ 모두 선택-[속성창]-세부 항목 변경

[회전 각도] 180 입력
[잠김 위치] 20 입력

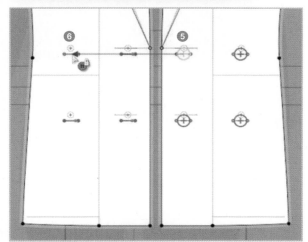

▶ 단추 잠그기

단추 잠그기-단추⑤ 좌클릭-단춧구멍 ⑥ 좌클릭- 시뮬레이션

* 나머지 단추와 단춧구멍도 동일하게 잠금 설정한다.

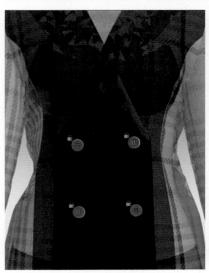

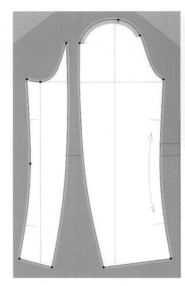

▶ 소매 장식 단추 추가(2D창)

 단추-[물체창]-[Sleeves 단추]⑦ 선택-[속성창]-세부 항목 변경

[종류]-[규격]-[너비] 1.2cm 입력
[재질]-[종류]-[Fabric_Velvet] 선택
　　　[색상]-[팝업창]-색상 선택

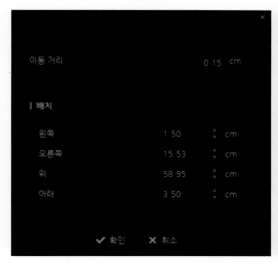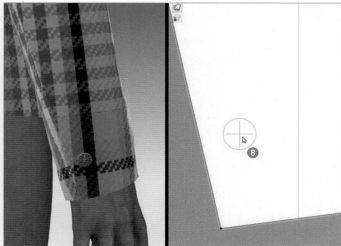

▶ 단추 추가-1

⬤ 단추-[물체창]-[Sleeves 단추]⑦ 선택-2D창에서 소매 패턴의 단추 위치⑧에 커서를 올려놓은 상태에서 우클릭
🖱-[팝업창]-세부 항목 변경

[배치]-[왼쪽] 1.5cm 입력
　　　[아래] 3.5cm 입력

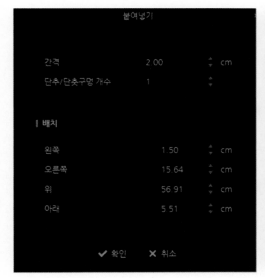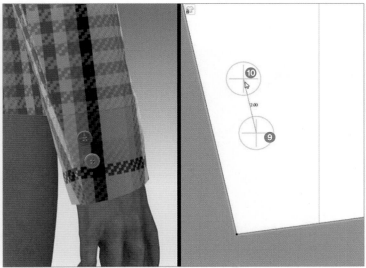

▶ 단추 추가-2

⬤ 단추/단춧구멍 수정-단추⑨ 선택- Ctrl+C , Ctrl+V -2D창에서 소매 패턴의 단추 위치⑩에 커서를 올려놓은 상태
에서 우클릭🖱-[팝업창]-세부 항목 변경

[간격] 2cm 입력
[배치]-[왼쪽] 1.5cm 입력

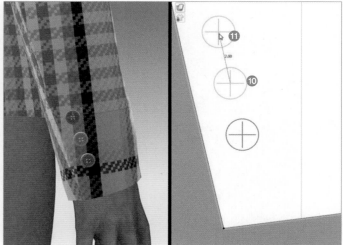

▶ 단추 추가-3

 단추/단춧구멍 수정-단추⑩ 선택- `Ctrl+C` , `Ctrl+V` -2D창에서 소매 패턴의 단추 위치⑪에 커서를 올려놓은 상태
에서 우클릭🖱️-[팝업창]-세부 항목 변경

[간격] 2cm 입력
[배치]–[왼쪽] 1.5cm 입력

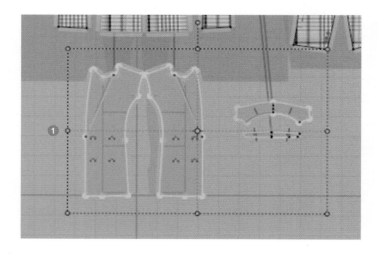

8) 심지 접착

▶ 2D창의 패턴 텍스처로 변경

🔲 겉면 텍스처-선택

▶ 전체 심지 부착

⬛ 패턴 이동/변환-영역① 좌클릭🖱️+드래
그-우클릭🖱️-[팝업창]-[본딩/스카이빙]-[심지
접착/본딩] 선택

9) 소재 물성 설정 & 완성도 높이기

▶ 소재 물성 변경

[물체창]-[FABRIC 1]② 선택-[속성창]-[물성]-[사전설정값]-[Cotton_Gabardine] 선택

[FABRIC 2]③ 선택-[속성창]-[물성]-[사전설정값]-[Cotton_Gabardine] 선택

▶ 의상 완성도 높이기

🔼 의상 완성도 높이기-입자 간격 10mm 확인-⬇️ 시뮬레이션

10) 프린트(Print) 소재 응용 제작

▶ 배색원단으로 변경

◾ 패턴 이동/변환-[물체창]-[FABRIC 2]①
좌클릭🖱️+드래그&드롭②

* 패턴③~⑧까지 동일하게 소재를 변경한다.

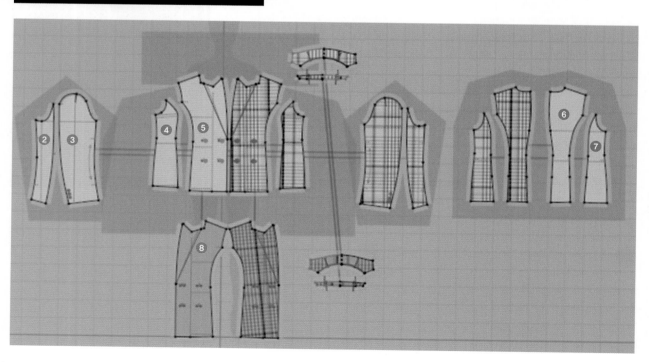

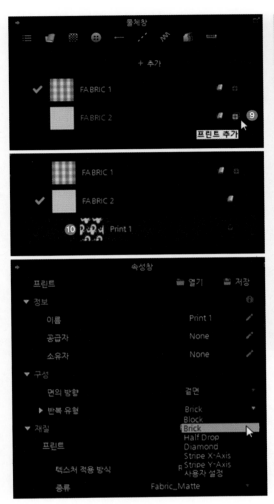

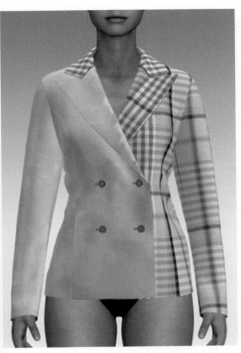

▶ 원단 프린트(Print) 디자인-1

[물체창]-[FABRIC 2]- 프린트 추가⑨ 선택-[Print 1]⑩ 선택-[속성창]-세부 항목 변경

[구성]-[반복 유형]-[Brick] 선택

▶ 원단 프린트(Print) 디자인-2

[물체창]-[Print 1]⑩ 선택-[속성창]-세부 항목 변경

[구성]-[반복 유형]-[Diamond] 선택
[재질]-[종류]-[Fabric_Matte]
      [기본]-[변환]-[너비] 10% 입력
            [불투명도] 50% 입력

2D 패턴 이미지

3D 렌더링 이미지

| 앞 | 3/4 왼쪽 | 왼쪽 | 뒤 |

2 패딩 점퍼
Padding Jumper

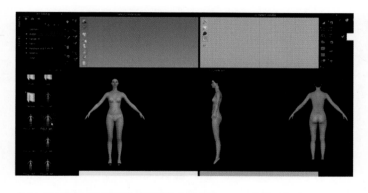

1) 아바타 & 패턴 불러오기

▶ 아바타 불러오기

[라이브러리창]-[Avatar]-[Female_V2]
-아바타를 선택하여 더블 클릭한다.

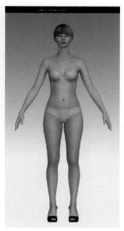

▶ 포즈 변경

[라이브러리창]-[Avatar]-[Female_V2]
-[Pose] 선택

▶ 헤어 변경

[라이브러리창]-[Avatar]-[Female_V2]
-[Hair] 선택

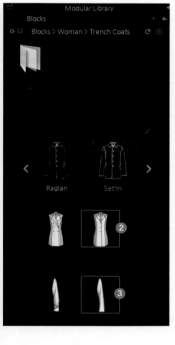

▶ 패턴 불러오기

[Modular Library]①-[Blocks]-[Woman]-
[Trench Coats]-[Set-in]-앞·뒤판②, 소매③
더블 클릭

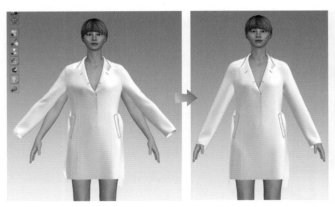

▶ 아바타와 의상의 배치 위치가 다를 경우

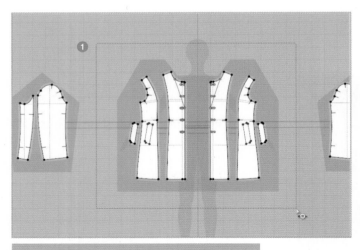 아바타에 맞춰 재배치-선택

▶ 의상 완성도 낮추기

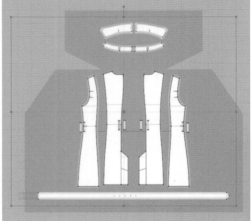 의상 완성도 낮추기-입자 간격 20mm 확인-  시뮬레이션

2) 앞·뒤판 패턴 수정 (2D창)

▶ 단추 삭제

단추/단춧구멍 수정-영역① 좌클릭 +드래그-삭제 Delete

▶ 패턴 삭제

패턴 이동/변환-선택된 노란색 패턴(칼라, 칼라밴드, 벨트 고리, 벨트) 선택-삭제 Delete

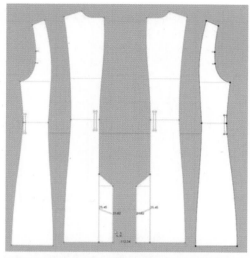

▶ 선분 삭제-뒤판

점/선 수정-선택된 노란색 패턴(벨트 고리 내부선분, 뒤트임 선분) 선택-삭제 Delete

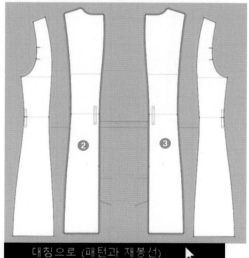

대칭으로 (패턴과 재봉선)

▶ 대칭으로 설정

패턴 이동/변환- Shift +뒤판②, ③ 선택+우 클릭🖱-[팝업창]-[동시 수정 설정]-[대칭으로 (패턴과 재봉선)] 선택

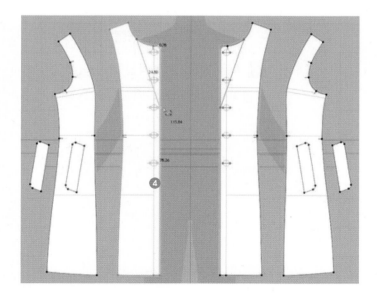

▶ 선분 삭제-앞판

점/선 수정-선택된 노란색 패턴(라펠 꺾임 선, 내부선분, 선분④) 선택-삭제 Delete

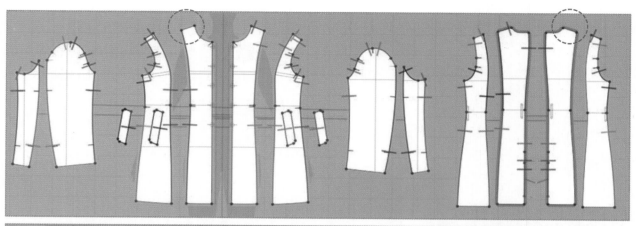

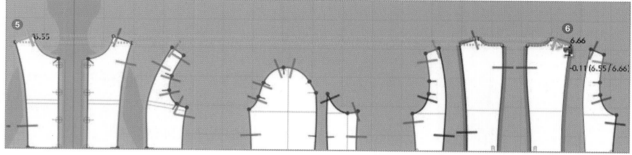

▶ 어깨선 재봉

🔲 선분 재봉-선분⑤ 좌클릭🖱-선분⑥ 좌클릭🖱

* 패턴 수정으로 인한 재봉선 오류 확인하기

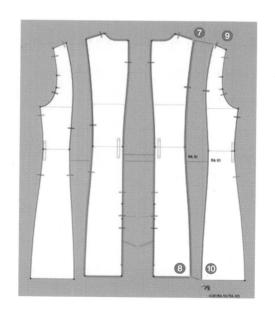

▶ 뒤 프린세스 라인 재봉

🔲 자유 재봉-점⑦ 좌클릭🖱+드래그+점⑧ 좌클릭🖱-점⑨ 좌클릭🖱+드래그+점⑩ 좌클릭🖱

* 패턴 수정으로 인한 재봉선 오류 확인하기

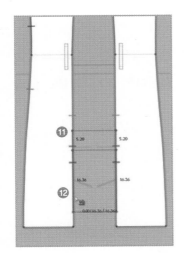

▶ 뒤 프린세스 재봉선 수정

재봉선 수정-선분⑪, ⑫ 선택-삭제 Delete

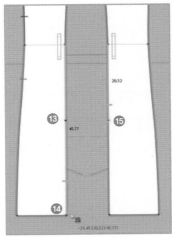
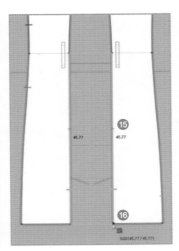

▶ 뒤 프린세스 라인 재봉선 연장

재봉선 수정-점⑬ 좌클릭+드래그 점⑭

재봉선 수정-점⑮ 좌클릭+드래그 점⑯

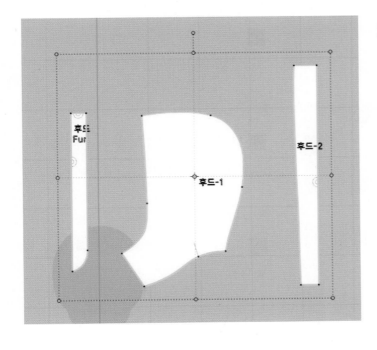

3] 후드 추가

▶ DXF 파일 불러오기

[파일]-[불러오기 (추가)]-[DXF]-[파일 열기]-[패딩 점퍼]-[패딩후드.dxf]-[DXF 추가] 옵션 설정-확인

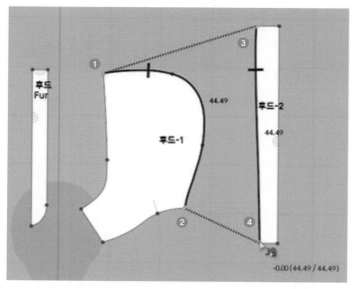

▶ 후드 재봉-1

🖱 자유 재봉-점① 좌클릭🖱+드래그+점②
좌클릭🖱-점③ 좌클릭🖱+드래그+점④ 좌클
릭🖱

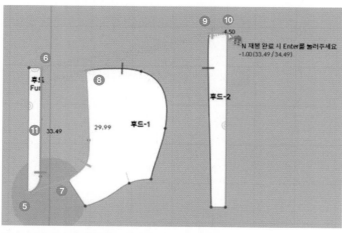

▶ 후드 재봉-2

🖱 M:N 자유 재봉-점⑤ 좌클릭🖱+드래그+
점⑥ 좌클릭🖱- Enter -점⑦~⑩까지 순서대로
선택(좌클릭🖱+드래그+좌클릭🖱 반복)- Enter

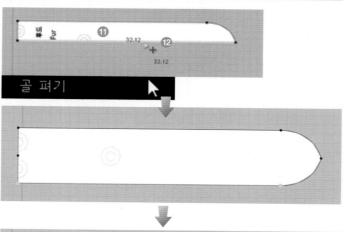

▶ 후드Fur 패턴 식서 변경

🖱 패턴 이동/변환-패턴⑪ 선택-우클릭🖱
-[팝업창]-[회전]-[반시계 방향 90] 선택

▶ 골 펴기

🖱 점/선 수정-선분⑫ 좌클릭🖱-우클릭🖱-
[속성창]-[골 펴기] 선택

▶ 내부선 추가

🖱 내부 다각형/선-점⑬ 좌클릭🖱-점⑭ 더
블 클릭

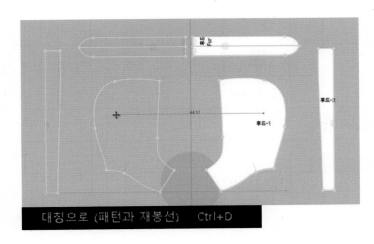

4) 패턴 복제 & 재봉하기

▶ 대칭으로 패턴 복제

🔲 패턴 이동/변환- Shift +좌클릭🖱️(노란색 패턴 선택)-우클릭🖱️-[팝업창]-[동시 수정 패턴 복제]-[대칭으로 (패턴과 재봉선)] 선택-드래그&드롭하여 대칭으로 설정

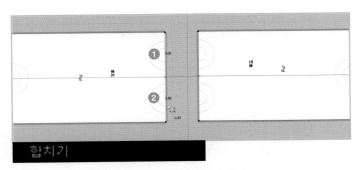

▶ 후드Fur 패턴 합치기

🔲 점/선 수정- Shift +선분①, ② 좌클릭🖱️-우클릭🖱️-[팝업창]-[합치기] 선택

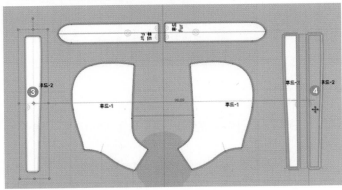

▶ 후드-2 패턴 이동

🔲 패턴 이동/변환-후드-2③ 좌클릭🖱️+드래그&드롭④

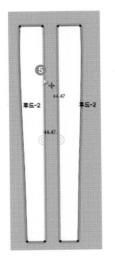

▶ 후드-2 패턴 합치기

🔲 점/선 수정-선분⑤ 좌클릭🖱️-우클릭🖱️-[팝업창]-[합치기] 선택

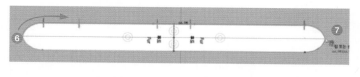

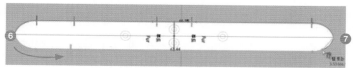

▶ 후드Fur 재봉

🖱 자유 재봉-점⑥ 좌클릭🖱+드래그+점⑦ (상단 선분) 좌클릭🖱-점⑥ 좌클릭🖱+드래그 +점⑦(하단 선분) 좌클릭🖱

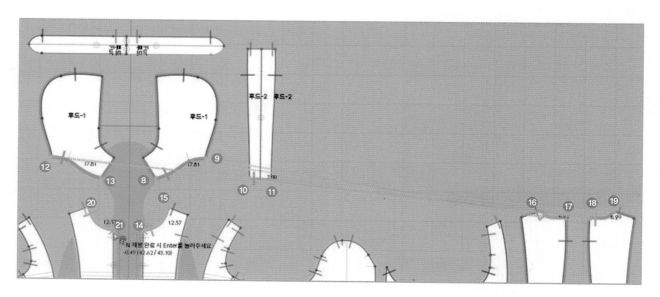

▶ 후드 & 네크라인 재봉

🖱 M:N 자유 재봉-점⑧~⑬까지 순서대로 선택(좌클릭🖱+드래그+좌클릭🖱 반복)- Enter -점⑭~㉑까지 순서대로 선 택(좌클릭🖱+드래그+좌클릭🖱 반복)- Enter

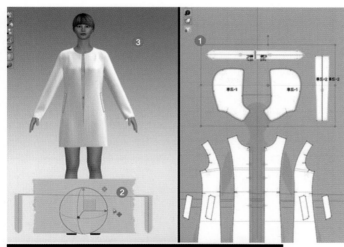

5) 후드 추가 3D 착장

▶ 패턴 배치화면 설정(3D창)

🔁 2D 패턴창 상태로 재배치-2D창에서 영역 ① 선택-3D창에서 후드 패턴② 우클릭🖱[팝업창]-[2D 패턴창 상태로 재배치] 선택

▶ 패턴 배치화면 설정

🤸 배치포인트 선택-배경③에 커서 올려놓은 상태에서 우클릭🖱-[팝업창]-[뒤 8] 클릭 또는 8

▶ 재봉선 숨기기

📖 재봉선 보기-선택 해제

▶ 후드-2 배치

⊹ 선택/이동-패턴④ 선택-배치포인트⑤ 선택

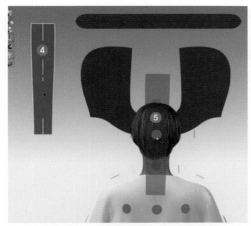

▶ 후드-1 배치

⊹ 선택/이동-패턴⑥ 선택-배치포인트⑦ 선택

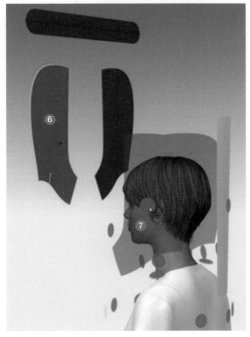

▶ 후드Fur 배치

🔲 선택/이동-패턴⑧ 선택-배치포인트⑨ 선택

▶ 밑단 접기

🔲 접어 배치-선분⑨ 좌클릭🖱-기즈모를 좌
클릭🖱+드래그하여 안쪽으로 접기⑩

▶ 시뮬레이션

 시뮬레이션-의상 착장

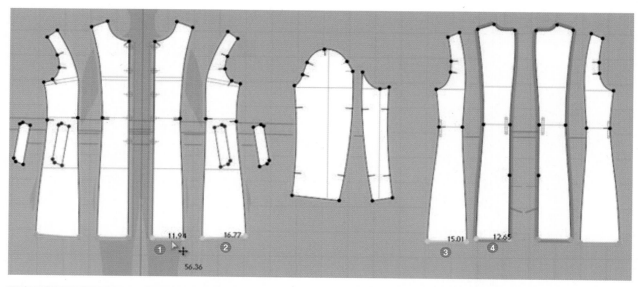

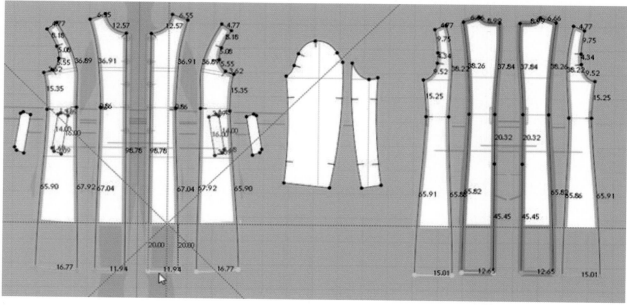

6) 패턴 수정

▶ 전체 길이 연장

점/선 수정-앞·뒤 밑단선분 선택(①~④)- Shift +밑단선분 ①을 좌클릭🖱+드래그한 상태에서 우클릭🖱-[팝업창]-세부 항목 변경

[이동 거리] 20cm 입력

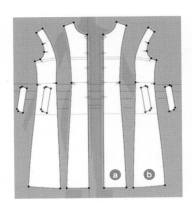
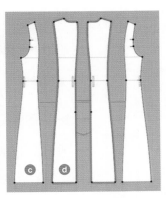

* 패턴 a~d 위치 참고

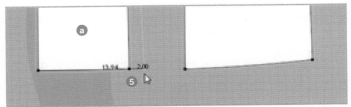

▶ 앞판의 밑단 폭 수정-1

📐 점/선 수정-패턴ⓐ의 점⑤ 좌클릭🖱+드래그한 상태에서 우클릭🖱-[팝업창]-[X축]-2cm 입력-확인

* 동일한 방법으로 앞·뒤판 밑단의 폭을 수정한다.

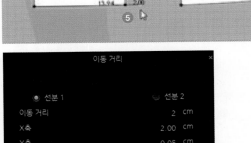

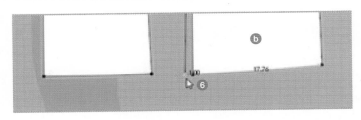

▶ 앞판의 밑단 폭 수정-2

패턴ⓑ의 점⑥-[X축] -1cm 입력

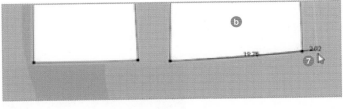

▶ 앞판의 밑단 폭 수정-3

패턴ⓑ의 점⑦-[X축] -2cm 입력

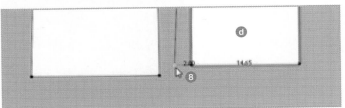

▶ 뒤판의 밑단 폭 수정-1

📐 점/선 수정-패턴ⓓ의 점⑧ 좌클릭🖱+드래그한 상태에서 우클릭🖱-[팝업창]-[X축] -2cm 입력-확인

2. 패딩 점퍼

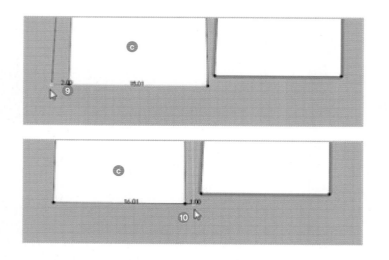

▶ 뒤판의 밑단 폭 수정-2

패턴ⓒ의 점⑨-[X축] 1cm 입력

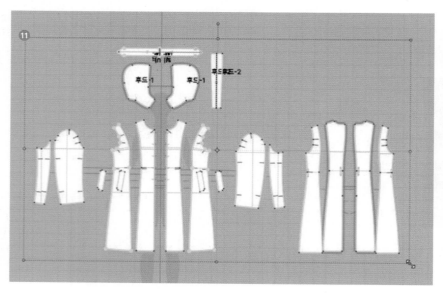

▶ 뒤판의 밑단 폭 수정-3

패턴ⓒ의 점⑩-[X축] 2cm 입력

▶ 전체 패턴 5% 키우기

■ 패턴 이동/변환-영역⑪ 좌클릭🖱+드래그(전체 선택)-영역⑫ 좌클릭🖱+드래그+우클릭🖱-[팝업창]-세부 항목 변경

[비율]-[너비] 105% 입력

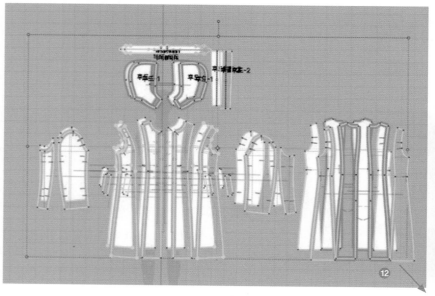

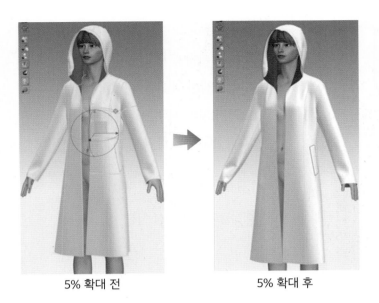

5% 확대 전 → 5% 확대 후

▶ 시뮬레이션

⬇ 시뮬레이션-의상 착장

7) 앞지퍼 만들기

▶ 앞판 & 후드-1 강화

⊹ 선택/이동-앞판, 후드 선택-우클릭🖱-[팝업창]-[강화] 선택

강화   Ctrl+H

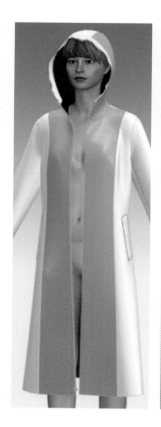
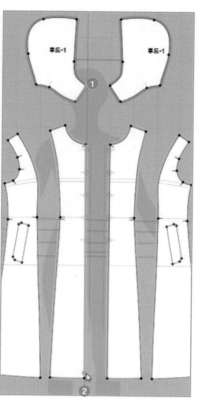

▶ 지퍼 만들기

▣ 지퍼-지퍼의 시작점① 좌클릭🖱-드래그-
지퍼의 끝점② 더블 클릭

반대편 지퍼의 시작점③ 좌클릭🖱-드래그-지
퍼의 끝점④ 더블 클릭

▶ 시뮬레이션

⬇ 시뮬레이션-의상 착장

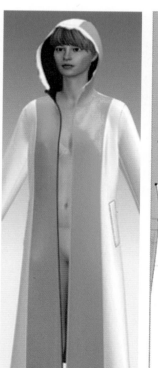
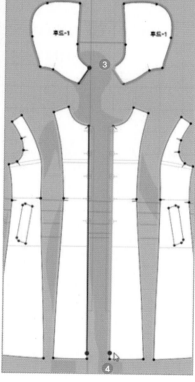

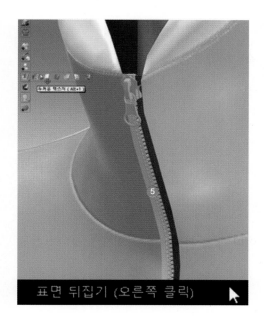

표면 뒤집기 (오른쪽 클릭)

▶ 지퍼 표면 오류 수정

 선택/이동-지퍼⑤ 선택-우클릭🖱️-[팝업창]-[표면 뒤집기 (오른쪽 클릭)] 선택

▶ 텍스처 설정

📖 두꺼운 텍스처-선택

▶ 지퍼 사이즈 변경

🔀 선택/이동-지퍼⑥ 선택-[속성창]-세부 항목 변경

[규격]-[크기] #5 선택
　　　　[Teeth Width (cm)] 0.8cm 입력

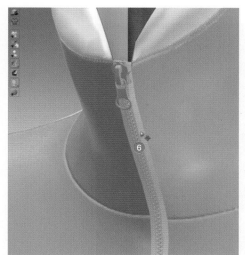

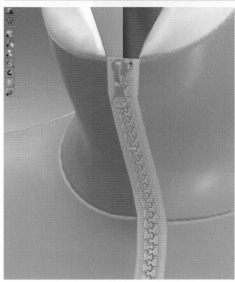

속성창		
▼ 규격		
선분 길이 (cm)	109.71	🔧
▼ 크기	#5	
Teeth Width (cm)	0.8	🔧
Total Width (cm)	1.50	🔧
두께 (mm)	0.0	🔧
입자 간격 (mm)	20.0	🔧
잠그기	☑ On	

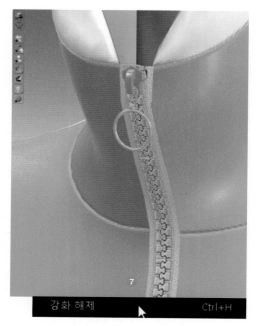

▶ 지퍼 디자인 변경

 선택/이동-슬라이더 또는 풀러⑦ 선택-[속성창]-[종류]-
디자인 선택

▶ 앞판 & 후드-1 강화 해제

 선택/이동-앞판, 후드 선택-우클릭🖱-[팝업창]-[강화 해
제] 선택

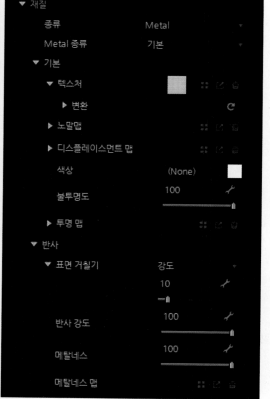

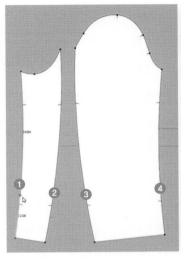
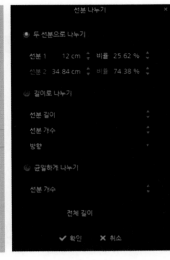

8) 소매단 만들기 & 동시 수정 재설정

▶ 소매단 만들기

■ 점 추가/선분 나누기-선분①에 커서를 올려놓은 상태에서 우클릭🖱-[팝업창]-세부 항목 변경

[선분 나누기]-[두 선분으로 나누기]-[선분 1] 12cm 입력

* 동일한 방법 및 수치로 점②~④를 추가한다.

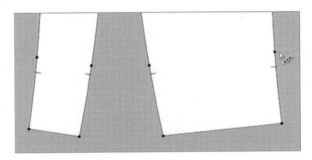

▶ 소매 밑단선분 삭제

■ 점/선 수정-Shift+선분⑤, ⑥ 선택-삭제 Delete

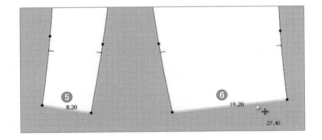

* 패턴 수정으로 인한 재봉선 오류 확인하기

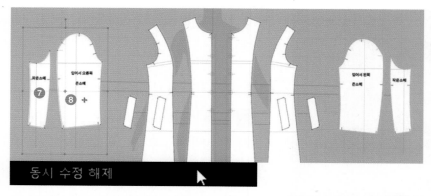

▶ 소매 패턴 동시 수정 해제

◢ 패턴 이동/변환-패턴⑦, ⑧ 선택 좌클릭🖱-패턴 위에 커서 올려놓은 상태에서 우클릭🖱-[팝업창]-[동시 수정 해제] 선택

▶ 소매 패턴 동시 수정 설정

◢ 패턴 이동/변환-작은 소매⑦, ⑨ 선택-좌클릭🖱-패턴 위에 커서 올려놓은 상태에서 우클릭🖱-[팝업창]-[동시 수정 설정]-[대칭으로 (패턴과 재봉선)] 선택

* 큰 소매도 동일한 방법으로 수정한다.

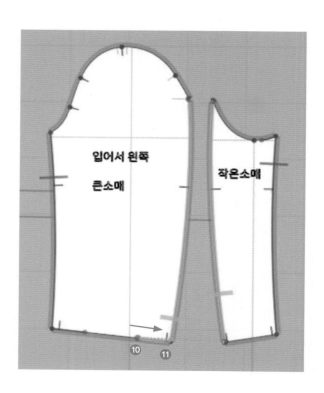

▶ 재봉선 수정

◢ 재봉선 수정-점⑩의 재봉선을 점⑪까지 좌클릭🖱+드래그하여 위치 이동

* 나머지 오류 재봉선도 동일하게 수정한다(동시 수정 설정이 되어 있어도 재봉선 수정은 연동되지 않는다).

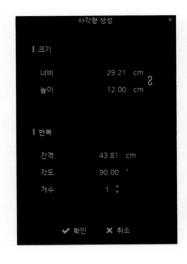

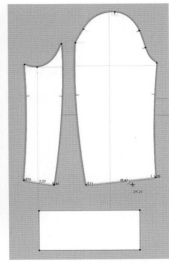

▶ 소매단 만들기-1

▨ 점/선 수정- Shift +선분들 선택(소매단 너비 확인)

▶ 소매단 만들기-2

▢ 사각형 패턴-좌클릭🖱-[팝업창]-세부 항목 변경

[사각형 생성]-[크기]-[너비] 29.21cm
　　　　　　　　 [높이] 12cm 입력

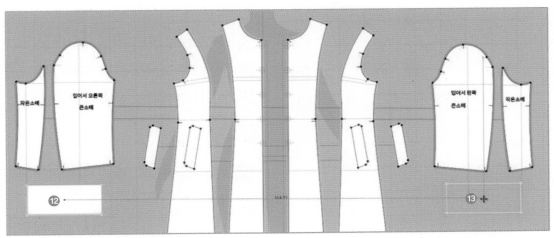

▶ 대칭으로 소매단 패턴 복제

◩ 패턴 이동/변환-패턴⑫ 좌클릭🖱-우클릭🖱-[팝업창]-[동시 수정 패턴 복제]-[대칭으로 (패턴과 재봉선)] 선택-드래그&드롭⑬

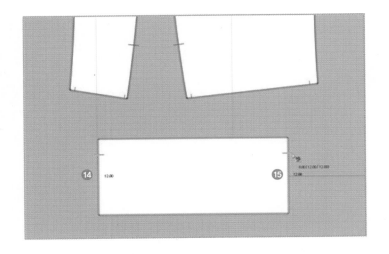

▶ 소매단 재봉-1

▦ 선분 재봉-선분⑭ 좌클릭🖱-선분⑮ 좌클릭🖱

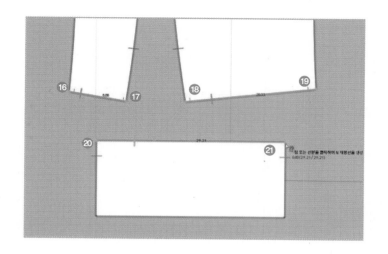

▶ 소매단 재봉-2

<img> M:N 자유 재봉-점⑯~⑲까지 순서대로 선택(좌클릭🖱+드래그+좌클릭🖱 반복)- Enter -점⑳ 좌클릭🖱+드래그+점㉑ 좌클릭🖱- Enter

▶ 패턴 배치화면 설정

<img> 배치포인트-선택

배경㉒에 커서 올려놓은 상태에서 우클릭🖱-[팝업창]-[3/4 오른쪽 1] 클릭 또는 1

▶ 소매단 배치

<img> 선택/이동-패턴㉓ 선택-배치포인트㉔ 선택

▶ 시뮬레이션

<img> 시뮬레이션-의상 착장

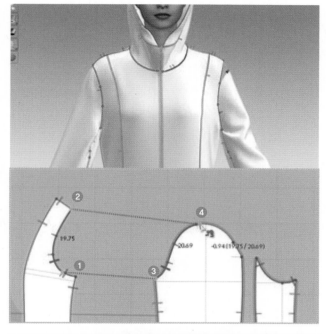

9) 재봉선 오류 수정

▶ 재봉선 보기

📖 재봉선 보기-선택

* 패턴 수정으로 인한 재봉선 오류 확인하기

▶ 암홀선분 재봉-1

🖱 자유 재봉-점① 좌클릭🖱+드래그+점② 좌클릭🖱-점③ 좌클릭🖱+드래그+점④ 좌클릭🖱

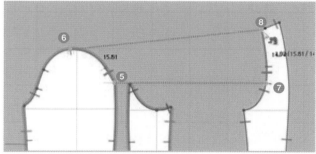

▶ 암홀선분 재봉-2

🖱 자유 재봉-점⑤ 좌클릭🖱+드래그+점⑥ 좌클릭🖱-점⑦ 좌클릭🖱+드래그+점⑧ 좌클릭🖱

▶ 암홀선분 재봉-3

🖱 선분 재봉-선분⑨ 좌클릭🖱-선분⑩ 좌클릭🖱

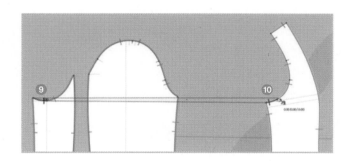

▶ 암홀선분 재봉-4

🖱 선분 재봉-선분⑪ 좌클릭🖱-선분⑫ 좌클릭🖱

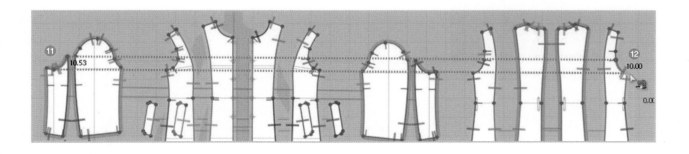

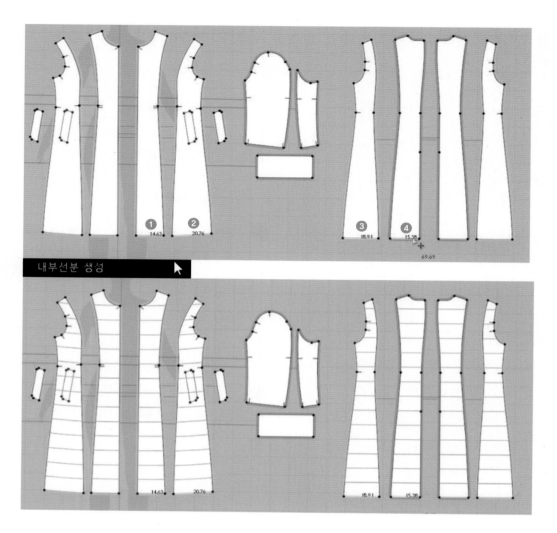

10) 패딩 내부선분 추가

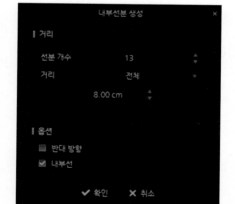

🖱️ 기초선 보기-선택 해제

▶ 앞·뒤판 내부선분 추가

📐 점/선 수정-[Shift]+앞·뒤 밑단선분 선택(①~④)-우클릭🖱️
-[팝업창]-[내부선분 생성]-세부 항목 변경

[선분 개수] 13 입력
[거리] 8cm 입력-확인

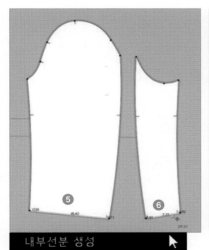
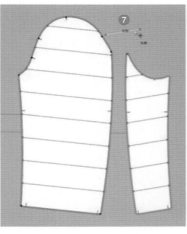
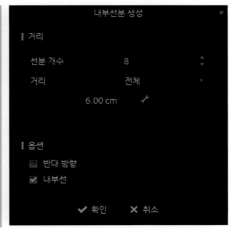

▶ 소매 내부선분 추가

점/선 수정-Shift+소매 선분 선택(⑤, ⑥)-우클릭-[팝업창]-[내부선분 생성]-세부 항목 수정

[선분 개수] 8 입력
[거리] 6cm 입력-확인

점/선 수정-선분⑦ 선택-삭제Delete

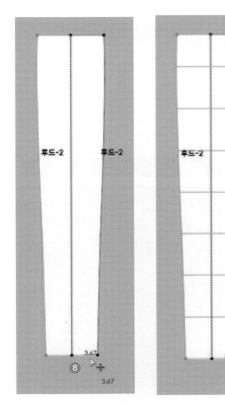

▶ 후드-2 내부선분 추가

점/선 수정-후드-2 선분⑧ 선택-우클릭
-[팝업창]-[내부선분 생성]-세부 항목 수정

[선분 개수] 7 입력
[거리] 6cm 입력-확인

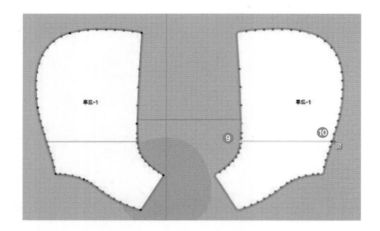

▶ 후드-1 내부선분 추가-1

⬛ 내부 다각형/선-임의의 내부선분 생성⑨
좌클릭🖱, ⑩ 더블 클릭

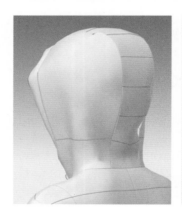
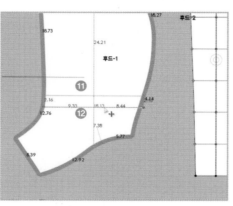

▶ 내부선분 위치 수정-1

⬛ 점/선 수정-3D창의 내부선 위치
확인-선분⑪ 좌클릭🖱+드래그&드롭
⑫(2D창에서 선분 위치 수정)

* 양쪽 끝점 외곽선에 붙이기: [팝업
  창]-[맞추기]-[패턴 외곽선] 기능으로
  수정한다.

▶ 후드-1 내부선분 추가-2

⬛ 점/선 수정-내부선분 선택⑬-우클릭🖱-[팝업창]-[내부선분 생성]-세부 항목 변경

[선분 개수] 3 입력
[거리] 6cm 입력-확인

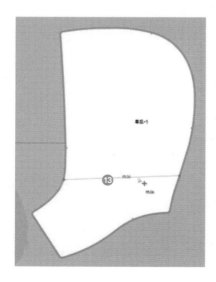
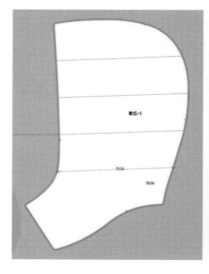
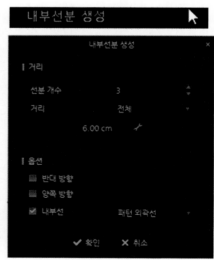

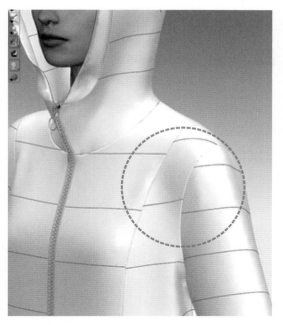
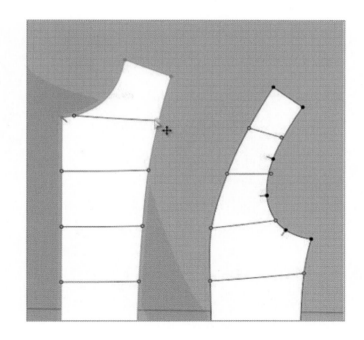

▶ 내부선분 위치 수정-2

▧ 점/선 수정-3D창의 내부선 위치 확인-수정할 점 좌클릭🖱+드래그&드롭

* 2D창에서 앞중심 패턴을 기준으로 내부선분의 위치를 맞춘다.

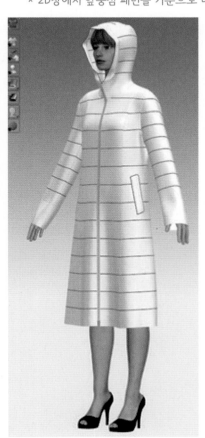

▶ 패딩 내부선분 완성 이미지

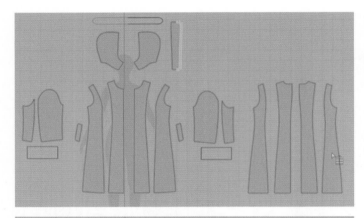

11) 패딩 만들기

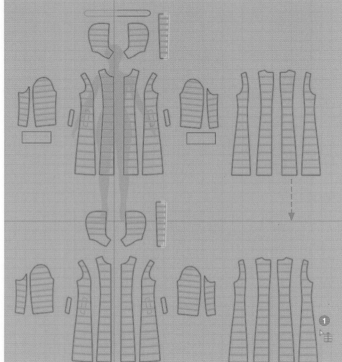

▦ Fill-[shift]+패턴 선택(소매단과 후드-2를 제외한 패턴을 모두 선택)-드래그&드롭①

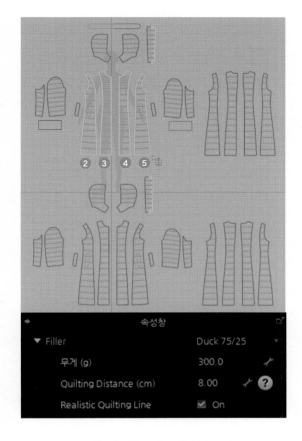

▶ 앞판 충전재 추가

📇 Fill- shift +패턴 선택(외곽선②~⑤ 선택)-[속성창]-세부 항목 변경

[Filler]-[Duck 75/25] 선택
[무게 (g)] 300g 입력
[Quilting Distance (cm)] 8cm 입력
[Realistic Quilting Line] On 체크

* 무게(g)의 수치는 선택된 패턴에 배분되어 설정된다.

* Realistic Quilting Line이 실행되면 시뮬레이션 속도가
  느려진다.

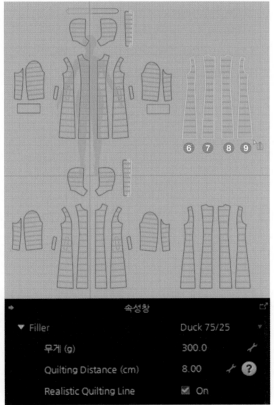

▶ 뒤판 충전재 추가

📇 Fill- shift +패턴 선택(외곽선⑥~⑨ 선택)-[속성창]-세부 항목 변경

[Filler]-[Duck 75/25] 선택
[무게 (g)] 300g 입력
[Quilting Distance (cm)] 8cm 입력
[Realistic Quilting Line] On 체크

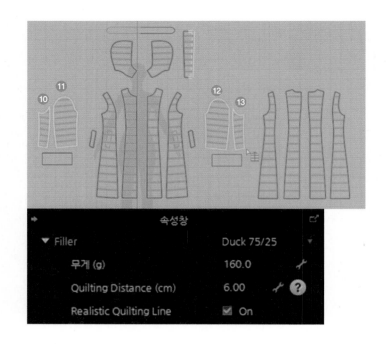

▶ 소매 충전재 추가

🎁 Fill- Shift +패턴 선택(외곽선⑩~⑬ 선택)-[속성창]-세부 항목 변경

[Filler]-[Duck 75/25] 선택
[무게 (g)] 160g 입력
[Quilting Distance (cm)] 6cm 입력
[Realistic Quilting Line] On 체크

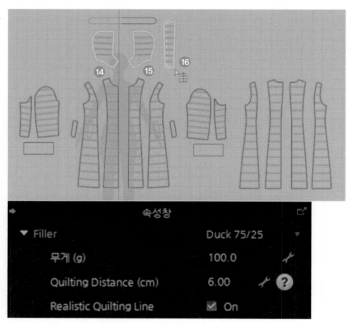

▶ 후드 충전재 추가

🎁 Fill- Shift +패턴 선택(외곽선⑭~⑯ 선택)-[속성창]-세부 항목 변경

[Filler]-[Duck 75/25] 선택
[무게 (g)] 100g 입력
[Quilting Distance (cm)] 6cm 입력
[Realistic Quilting Line] On 체크

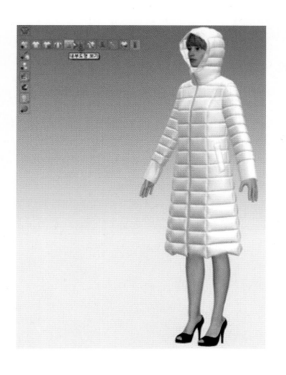

▶ 시뮬레이션

 시뮬레이션-의상 착장

▶ 내부도형 숨기기

내부도형 보기-선택 해제

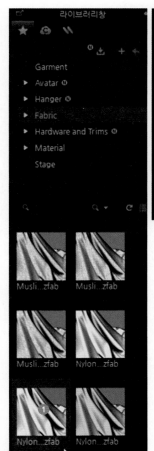

12) 원단 소재 변경

▶ 원단 물성 변경

[라이브러리창]-[Fabric]-[Nylon_ Featherweight]①소재 선택하여 [물체창]-빈 공간에 드래그&드롭②

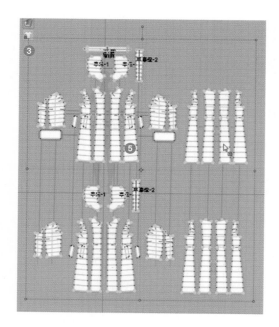

▶ 원단 변경

◤ 패턴 이동/변환-영역③ 좌클릭🖱️+드래그(패턴 전체 선택)-[물체창]-[Nylon_Featherweight]④ 좌클릭🖱️+드래그&드롭⑤

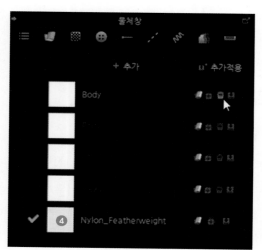

▶ 물체창의 원단 정리

[물체창]-[원단]-🗑️ 휴지통 선택

* 휴지통이 생성된 소재는 사용되지 않는 소재이므로 삭제를 권장한다.

▶ 배색원단 추가

[물체창]-[+추가]-[FABRIC 1]

▶ Fur 원단 변경

▨ 패턴 이동/변환- Shift +패턴⑦, ⑧, ⑨ 선택-[물체창]-[FABRIC 1]⑥ 좌클릭🖱+드래그&드롭⑨

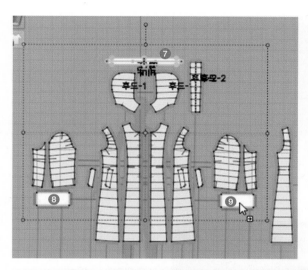

13) 렌더(Render)

▶ 렌더창 열기

작업화면 상단의 매뉴얼-[렌더]①
-[렌더]-렌더창② 좌클릭🖱

▶ 렌더창 속성 변경

이미지/비디오 속성-[속성창]-세부 항목 변경

[이미지/비디오]-이미지 선택
[이미지 크기]-A4 선택
[비율 고정]-체크
[투명한 배경]-체크

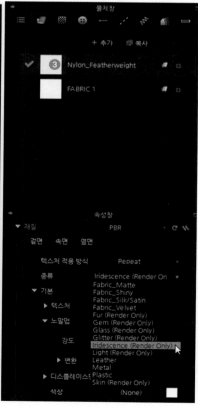

▶ 원단 재질 변경-1

[물체창]-[+추가]-[Nylon_Featherweight]③ 선택-[속성창]-세부 항목 변경

[재질]-[겉면]-[종류]-Lridescence (Render Only) 선택

▶ 원단 재질 변경-2

[물체창]-[FABRIC 1]④ 선택-[속성창]-세부 항목 변경

[재질]-[겉면]-[종류]-Fur (Render Only) 선택

        [Fur 종류]-Fox 선택

    [기본]-[색상]-색상 선택

    [Fur 그라데이션 색상]-On 체크

    [중간 색상] & [중간 색상 시작점] 수정

    [끝 색상] & [끝 색상 시작점] 수정

▶ 지퍼 열기

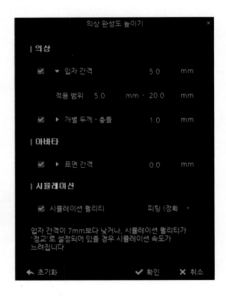

▶ 의상 완성도 높이기

의상 완성도 높이기-입자 간격 5mm 확인- 시뮬레이션

2D 패턴 이미지

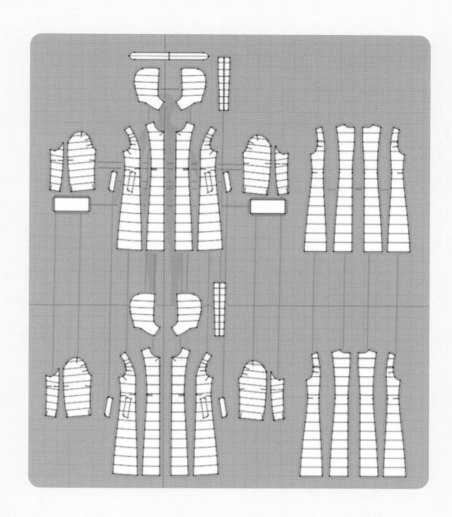

3D 렌더링 이미지

| 앞 | 3/4 왼쪽 | 왼쪽 | 뒤 |

CHAPTER
06

기타

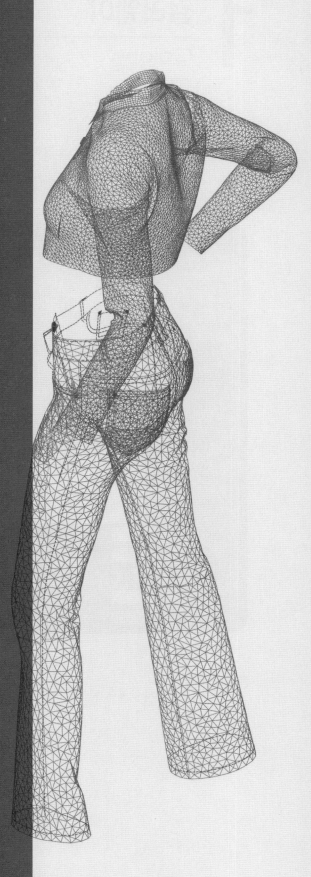

1 컬러웨이
Colorway

완성된 3D 의상에 다른 색상을 조합하여 여러 가지 컬러웨이로 저장하는 작업이다. 의상의 원단, 프린트, 부자재 등에 컬러 변화를 적용하여 여러 개의 컬러웨이를 작업한 후, 한눈에 볼 수 있는 이미지로 저장 가능하다.

1) 프로젝트 파일 불러오기

▶ 프로젝트 파일 열기

[파일]-[열기]-[프로젝트]-[실습파일]-[Colorway]-[재킷컬러웨이] 의상 파일을 불러온다.

▶ 컬러웨이 편집창 열기

[메뉴]-[Editor]-[Colorway]①를 선택하여 활성화한다.

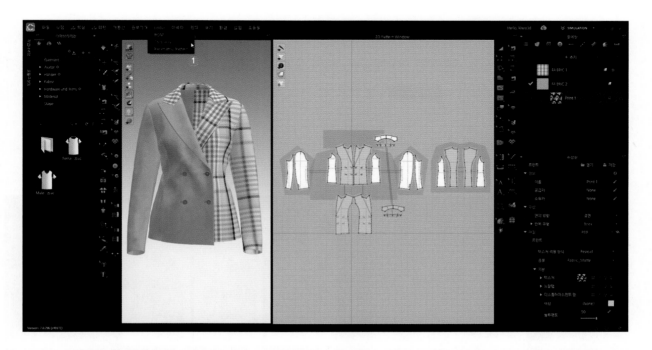

2] 컬러웨이 편집

▶ 컬러웨이 추가

[컬러웨이 편집창] 우측 상단의 ➕[추가]②를 클릭하면 기존과 동일한 컬러웨이가 추가된다.

▶ 이름 변경

새로운 컬러웨이 이름의 입력창③을 더블 클릭하여 이름을 수정한 후, Enter 를 누른다.

▶ 컬러 변경

각 스와치④를 좌클릭으로 선택하면, 3D 의상에 선택된 스와치의 영역이 표시되며, [속성창]에서 재질, 색상 등을 변경한 후, 편집창 좌측 상단의 📷 업데이트 ⑤를 좌클릭하면 컬러웨이 썸네일에 변경사항이 반영된다.

▶ 파일 삭제하기

이름 또는 썸네일을 우클릭한 후, 팝업 메뉴에서 [삭제] 클릭 또는 Delete 를 누른다.

* Shift키 또는 Ctrl키를 누른 상태에서 좌클릭으로 여러 스와치를 동시에 선택이 가능하다.

* 스와치④를 우클릭하여 [동일한 색상 선택]을 클릭하면, 컬러웨이 내의 동일한 색상 스와치들이 모두 선택된다.

* 편집창 우측 하단의 Show Details ⑥을 좌클릭으로 비활성화하면, 컬러웨이의 스와치를 모두 숨긴다.

3) 컬러웨이 저장하기

편집창 좌측 상단의 ▣ 이미지 저장 ⑦을 좌클릭하면, [이미지 저장] 팝업창이 나타나 저장 [옵션] 선택이 가능하다.

▶ [3D 창]으로 저장하기

▣ 이미지 저장 -[옵션]-[3D 창] 선택-[팝업창]-[스냅샷]-이미지 크기, 배열 방식, Colorway 편집이 가능하다.

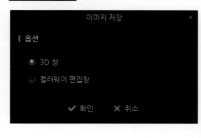
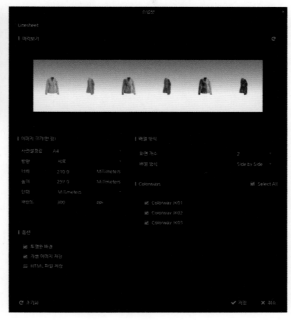

▶ [컬러웨이 편집창]으로 저장하기

▣ 이미지 저장 -[옵션]-[컬러웨이 편집창] 선택-편집창이 그대로 이미지 저장된다.

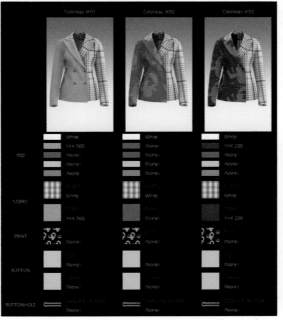

2 코디네이션
Coordination

여러 아이템의 프로젝트를 오픈하여 하나의 아바타에 모두 착장하는 작업이다. [Coordination] 폴더에 완성된 프로젝트 파일들을 착장별로 저장하여 관리할 수 있다.

* [실습파일]-[Coordination]

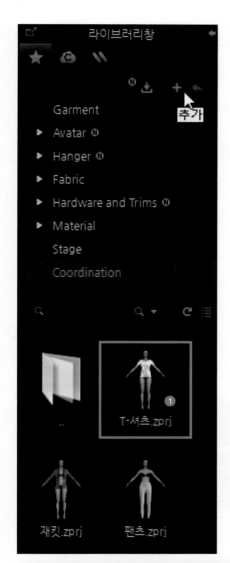

1) T-셔츠 불러오기

▶ 라이브러리창에 폴더 추가

[라이브러리창]-[추가 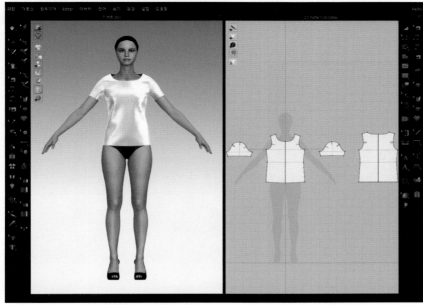] 선택-[Coordination] 폴더를 선택하여 추가한다.

▶ 프로젝트 파일 불러오기

[T_셔츠.zprj]①을 더블 클릭 또는 [3D창]에 드래그&드롭한다.

2] 팬츠 추가하기

▶ 3D창에 팬츠 추가

[팬츠.zprj]②를 선택한 후, 우클릭하여 [작업 공간으로 추가]한다.

[프로젝트 추가]의 열기 유형, 오브젝트, 이동의 세부 항목을 ③과 같이 설정한다.

[열기]-[Pose & Size]의 확인 버튼을 클릭한다.

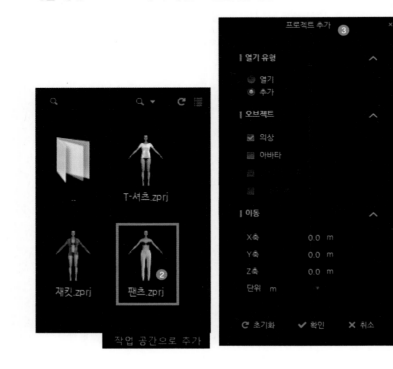

▶ 2D창 패턴 이동

팬츠 패턴을 좌클릭+드래그&드롭하여 패턴이 겹치지 않게 빈 공간으로 이동한다.

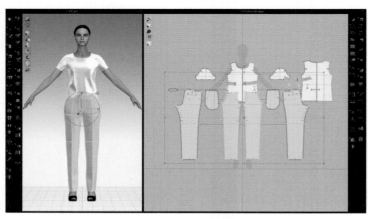
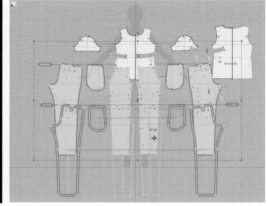

▶ 팬츠 레이어 설정

2D창에 선택되어 있는 팬츠 영역④를 그대로 둔 상태에서 [속성창]-[시뮬레이션 속성]-[레이어]를 1로 설정한다.

[Information]의 [다시 보지 않기]를 체크하고 확인 버튼을 클릭한다.

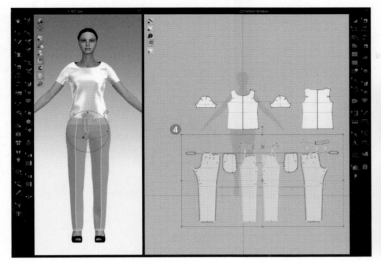
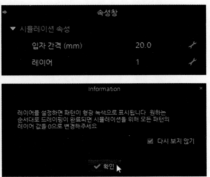

3] 재킷 추가하기

▶ 3D창에 재킷 추가

[재킷.zprj]⑤를 선택한 후, 우클릭하여 [작업 공간으로 추가]한다.

[프로젝트 추가]의 열기 유형, 오브젝트, 이동의 세부 항목을 ⑥과 같이 설정한다.

[열기]-[Pose & Size]의 확인 버튼을 클릭한다.

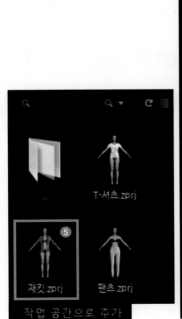

▶ 2D창 패턴 이동

재킷 패턴을 좌클릭+드래그&드롭하여 패턴이 겹치지 않게 빈 공간으로 이동한다.

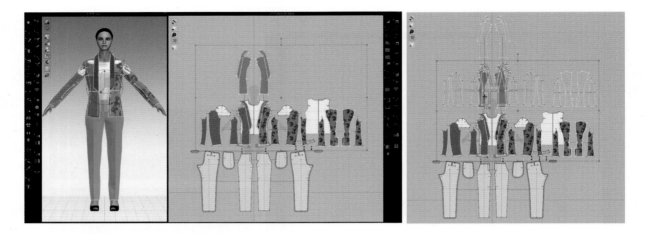

▶ 재킷 레이어 설정

2D창에 선택되어 있는 팬츠 영역⑦을 그대로 둔 상태에서 [속성창]-[시뮬레이션 속성]-[레이어]를 2로 설정한다.

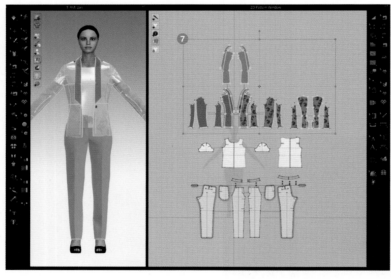

★ 레이어 순서를 입력할 때, 시뮬레이션은 끄고 입력한다.

4) 코디네이션 완성

▶ 레이어 해제

2D창의 패턴을 모두 선택⑧한 후, [속성창]-[시뮬레이션]-[레이어] 수치를 0으로 수정한다.

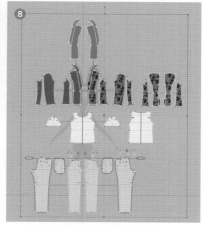

* 속성창의 문자 또는 숫자가 설정된 수치의 종류가 2가지 이상일 경우에는 빨간색으로 표기된다.

3 렌더링
Rendering

3D 의상을 실제 환경에 가까운 빛과 반사를 적용하여 사실적으로 표현하는 작업이며, 다양한 재질 효과로 감각적인 이미지를 표현할 수 있다. [이미지/비디오 속성]을 설정하여 렌더한 파일을 저장한 후, [턴테이블 이미지 저장 & 비디오 저장]을 활용하여 다양한 아바타의 포즈로 렌더한 이미지를 저장할 수 있다.

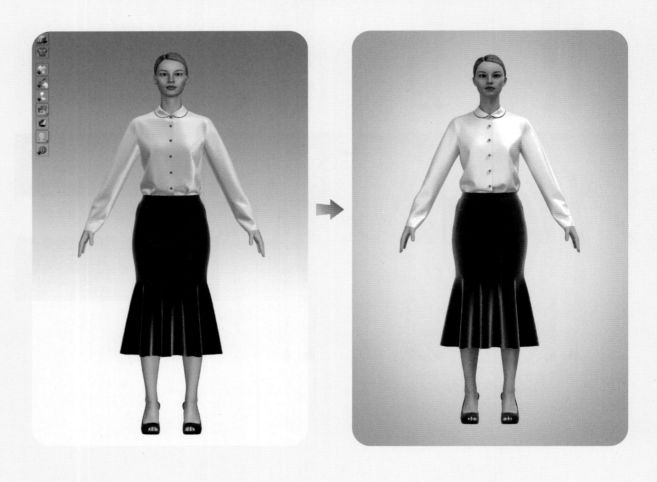

1) 프로젝트 파일 불러오기

▶ 프로젝트 파일 열기

[파일]-[열기]-[프로젝트]-아바타와 의상 파일을 불러온다.

▶ 렌더창

[렌더]-[렌더]-렌더 화면을 좌클릭하여 활성화한다.

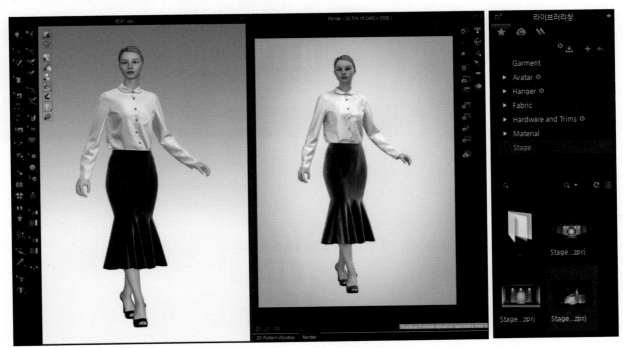

2) 배경이 있는 의상 & 아바타 렌더

▶ Stage 파일 추가

[라이브러리창]-[Stage]-Stage 이미지를 선택한 후, 우클릭하여 [작업 공간으로 추가]한다.

▶ 렌더 속성 설정

이미지/비디오 속성을 선택한 후, [속성창]의 세부 내용을 수정한다.

[이미지/비디오]—이미지 선택
[이미지 크기]—A4 선택
[비율 고정]—On 체크
[해상도] 300 확인

3) 투명한 배경으로 의상 & 아바타 렌더

▶ 렌더 속성 설정

🖼 이미지/비디오 속성을 선택한 후, [속성창]의 세부 내용을 수정한다.

[이미지/비디오]–이미지 선택
[이미지 크기]–A4 선택
[비율 고정]–On 체크
[해상도] 300 확인
[투명한 배경]–On 체크

4) 렌더링 실행 & 파일 저장하기

▶ 렌더링 실행

인터랙티브 렌더가 선택되어 있으면 렌더 중지를 한 번 클릭하고 최종 렌더를 클릭하여 실행시킨다.

렌더.png

▶ 이미지 파일 저장

렌더링이 완성되면 [정보] 팝업창이 생성되며 폴더 열기를 하여 저장된 폴더를 확인하고 파일을 이동한다.

5) 턴테이블 이미지 저장 & 비디오 저장

▶ 렌더 속성 설정

이미지/비디오 속성을 선택한 후, [속성창]의 세부 내용을 수정한다.

[이미지/비디오]-턴테이블 이미지 선택
[이미지 수] 180 선택
[비디오 저장]-On 체크
              -총 녹화 시간 10 입력
[이미지 크기]-A4 선택
[비율 고정]-On 체크
[해상도] 300 확인

▶ 렌더창 아래의 수치

00:25:22-한 개의 이미지 저장 시간을 의미한다.

9/180-180개 중에서 9번째 이미지 렌더링 40% 진행 중을 의미한다.

00:25:22   Rendering image 9/180, 40%

▶ 턴테이블 이미지 & 비디오 파일 저장

렌더링이 완성되면 [정보] 팝업창이 생성되며 폴더 열기를 하여 저장된 폴더를 확인하고 파일을 이동한다.

저장된 이미지 중에서 [파일명_0.avi]은 비디오 파일이며 나머지는 턴테이블 이미지이다.

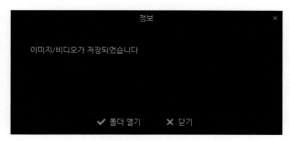

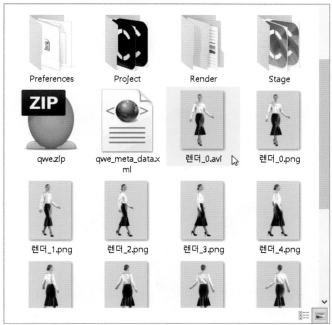

4 애니메이션
Animation

완성된 3D 의상을 착장한 아바타의 움직이는 영상을 녹화하고, 녹화한 애니메이션을 재생 및 편집할 수 있다. 다양한 배경 환경을 작업 공간에 추가하여 애니메이션 연출이 가능하다.

1) Simulation 작업화면 → Animation 작업화면

▶ 완성 파일 열기

[파일]-[열기]-[프로젝트]-아바타와 의상 파일을 불러온다.

▶ 3D창 설정

🧊 고품질 렌더(3D창) & 📗 두꺼운 텍스처를 체크하여 완성도를 높인다.

▶ Animation 작업화면으로 이동

⟱ SIMULATION ▾ ①의 화살표를 클릭하여 🎥 ANIMATION ②를 선택한다.

팝업창의 다시 보지 않기를 체크하고 확인을 선택한다.

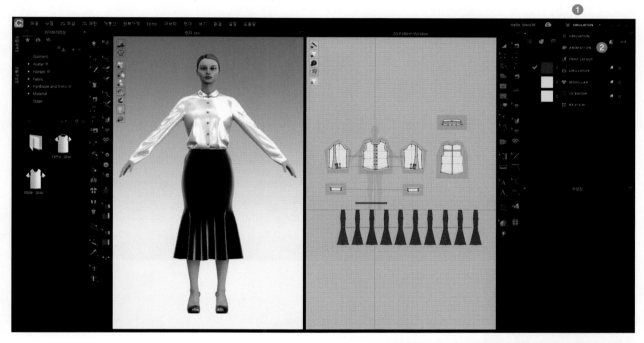

2) Stage 추가하기

▶ Stage 파일 추가

[라이브러리창]-[Stage]-Stage 이미지를 선택한 후, 우클릭하여 [작업 공간으로 추가]한다.

[프로젝트 추가]-[열기 유형]-추가
　　　　　　[이동]-[X축] 0.0m
　　　　　　　　　 [Y축] 0.0m

* [의상&아바타]와 확장자명이 동일하므로 [Stage]를 [열기]하면 의상 프로젝트 파일은 삭제되고 Stage 파일만 열린다.

3) 모션 열기

▶ Stage 파일 추가

[라이브러리창]-[Avatar]-[Female_V2]-[Motion]-Motion을 더블 클릭한다.

[팝업창]-[모션 열기]-확인

▶ 화면 맞추기

마우스의 휠로 축소·확대하며 화면을 맞춘다.

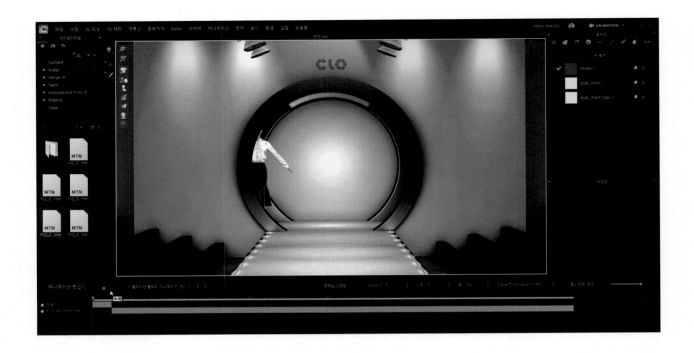

4) 워킹 영상 만들기

▶ 녹화하기

■ 녹화-녹화 버튼 클릭

의상 프레임이 완성되면 녹화 버튼이 자동으로 꺼진다.

▶ 워킹 실행하기

🔁 반복 체크- 1X 속도 선택- ▶ 재생 클릭

▶ 파일 저장

[파일]-[프로젝트 저장]-녹화 영상을 저장한다.

부록

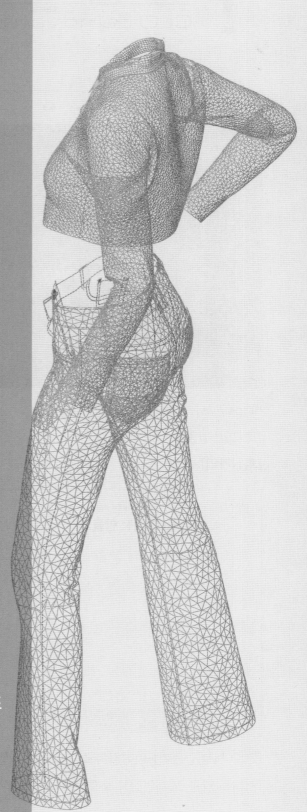

1 CLO 데모버전 다운로드
CLO demo version Download

https://www.clo3d.com 사이트 접속 후,

[로그인] 클릭!

[회원가입] 클릭!

[CLO 계정 만들기]-이메일 주소, CLO ID, 비밀번호를 입력하고

[서비스 약관 및 개인정보 보호정책] 체크-[회원가입] 클릭!

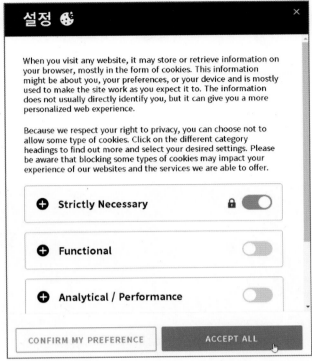

입력한 이메일 확인-[인증 및 활성 시키기] 클릭!

[설정] 확인 후 [ACCEPT ALL] 클릭!

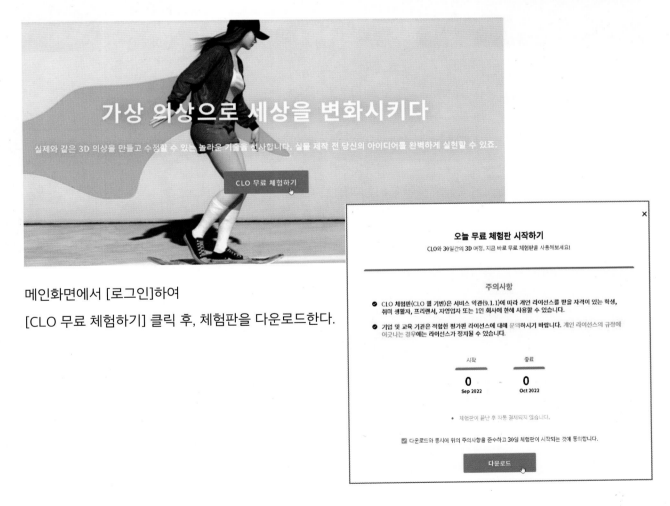

메인화면에서 [로그인]하여

[CLO 무료 체험하기] 클릭 후, 체험판을 다운로드한다.

2 실습파일 다운로드

Practice file Download

출판사 박영사 홈페이지(https://www.pybook.co.kr/)에 접속하여 [도서자료실] 페이지로 이동한다.

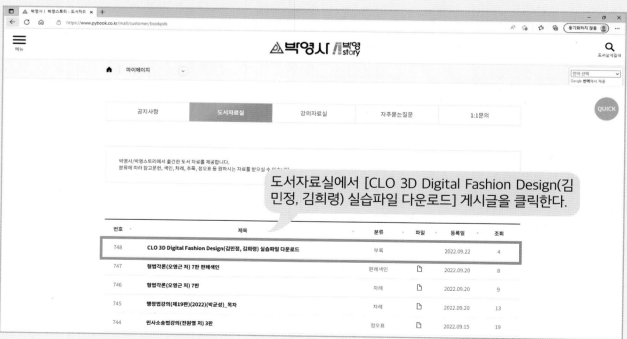

도서자료실에서 [CLO 3D Digital Fashion Design(김민정, 김희령) 실습파일 다운로드] 게시글을 클릭한다.

구글 드라이브 링크에 접속하면 실습파일 자료를 다운받을 수 있다.

QR코드를 통해서도 접속이 가능하다.

저자소개

김민정

현) 국민대학교 의상디자인과 겸임교수
성균관대학교 의상학과 겸임교수
한성대학교 디자인아트교육원 패션디자인전공 겸임교수
(주) E&S 어패럴 실장
국민대학교 테크노디자인대학원 패션디자인학과 박사

김희령

현) 경인여자대학교 패션디자인학과 조교수
서울대학교 의류학과 강사(2019)
덕성여자대학교 의상학과 강사(2018)
서울대학교 의류학과 박사

제2판
CLO 3D Digital Fashion Design

초판발행   2022년 10월 11일
제2판발행   2024년   3월 4일

지은이   김민정 · 김희령
펴낸이   안종만 · 안상준

편 집   김다혜
기획/마케팅   김한유
표지디자인   이수빈
제 작   고철민 · 조영환

펴낸곳   (주) **박영사**
                 서울특별시 금천구 가산디지털2로 53, 210호(가산동, 한라시그마밸리)
                 등록 1959. 3. 11. 제300-1959-1호(倫)

전 화   02)733-6771
f a x   02)736-4818
e-mail   pys@pybook.co.kr
homepage   www.pybook.co.kr
ISBN   979-11-303-1965-0 93590

정   가   28,000원